수학은 어떻게 예술이 되었는가

기 하 학 으 로 본 미 술 과 건 축

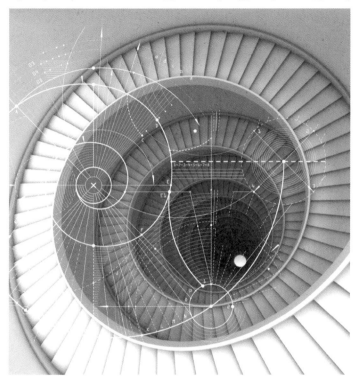

이한진 지음

수학은 어떻게
예술이 되었는가

수학은 어떻게 예술이 되었는가
기하학으로 본 미술과 건축

지은이 이한진
펴낸이 이리라

책임편집 이여진
본문 디자인 에디토리얼 렌즈
표지 디자인 엄혜리

2016년 9월 20일 1판 1쇄 펴냄
2021년 6월 10일 1판 5쇄 펴냄

펴낸곳 컬처룩
등록번호 제2011–000149호
주소 03993 서울시 마포구 동교로 27길 12 씨티빌딩 302호
전화 02.322.7019 | 팩스 070.8257.7019 | culturelook@daum.net
www.culturelook.net

ISBN 979–11–85521–45–9   03410

culturelook

머리말

이집트 쿠푸에 있는 피라미드는 높이가 파리의 에펠탑의 절반 정도되는 거대한 구조물이다. 기하학적으로 사각뿔인 피라미드에는 흥미로운 숫자가 숨어 있다. 이 피라미드의 경사면의 길이는 대략 183.6미터이고 밑면의 사각형 한 변의 길이의 절반은 113.4미터인데, 두 길이의 비를 구해 보면 1.619가 된다. 이 숫자는 고대로부터 황금비라고 불리며 건축과 미술의 역사에서 계속해서 등장하는 숫자다. 사람들은 이 비율이 가장 아름다운 분할을 이룬다고 믿어 왔다.

동양의 건축에도 흥미로운 기하학이 있다. 한국의 대표적인 고대 사찰인 불국사의 다보탑을 보면 각 층별로 정사각형과 정8각형, 원을 다양하게 섞어 쓰고 있는 것을 볼 수 있다. 서울의 창덕궁 후원의 부용지라는 연못은 정사각형의 모양인데, 연못 한가운데 원형의 작은 섬이 있다. 원, 정사각형, 정8각형은 동양의 우주론에서 나온 개념들을 대표하기도 한다.

이처럼 동서고금의 건축물들을 보면 흥미로운 기하학적 응용들을 볼 수 있다. 사람들은 왜 기하학을 건축에 즐겨 사용하였을까?

이 책은 정통적인 수학(기하학) 책이 아니다. 기하학을 통해 수학과 문화의 다른 영역이 어떻게 만나 왔는지를 다양하게 보여 주려는 책이다. 기하학이 어떻게 예술가들에게 영감을 주었고 그들의 사고와 취향을 형성했는지 살펴보려고 한다. 동시에 수학적 아이디어가 탄생하고 발전하게 된 문화적 맥락도 보여 주려 한다. 학교에서 수학을 배울 때는 수학이 만들어지고 발전하는 사회적 맥락에 대한 이야기를 접할 기회가 많지 않다. 사실 수학은 외부와 차단된 진공의 실험실에서 만들어지는 것이 아니다. 역사적으로 수학자들은 철학자이자 과학자였고 천문학자이자 시인이었으며 정치가였다. 사회적 필요를 떠나서 수학이 존재한 적은 없다. 이 책은 수학을 전체 문명의 한 부분으로 보고 문명의 다른 부분과의 유기적 관계가 어떠한지를 보여 주고자 한다.

기하학에 대한 본격적인 이야기를 시작하기에 앞서 1장에서는 수학의 기원에 대해 살펴본다. 이 장에서 우리 시대를 살아가는 저명한 수학자 세 명을 만나 본다. 그들이 대표하는 문화권은 고대에 문명이 처음 시작된 곳이자 수학이 처음 시작된 곳이다. 농경 사회에 들어서자 농사와 국가 운영 등과 관련해 해결해야 할 문제들이 있었는데, 그중 상당수가 수학적인 문제였다. 지리적으로 떨어져 있었고 문화적으로 달랐지만 문화권마다 유사한 기하학 문제를 생각했다. 각 고대 문화권에서 어떤 수학적 아이디어가 등장했는지 소개한다.

2장에서는 유클리드 기하학에 대해 다룬다. 유클리드의 저서 《원론》은 사실상 기하학의 시작이자 수학의 시작이다. 나아가 서구 문명의 시작이다. 유클리드 기하학의 방법론을 살펴봄으로써 수학 자체의 기본적인 특성인 정의, 공리, 명제, 증명이 무엇인지 보게 될 것이다.

3장부터 5장까지는 유클리드 기하학의 응용을 다룬다. 피타고라스에서 시작된 수학에 대한 관점은 서구의 철학과 미학의 근간을 이루게 되었다. 3장에서는 이런 관점이 실제로 그리스·로마의 건축과 중세 고딕 성당의 건축에 어떻게 적용되는지 알아본다. 아울러 학교에서 기하학적 지식으로만 배웠던 것들이 어떻게 디자인과 건축에 응용되는지 살펴본다. 고딕성당의 아치나 창의 도안 문제는 유클리드 기하학을 맛보는 연습 문제라고 해도 과언이 아니다. 중세 사람들에게 있어 유클리드 기하학이 얼마나 핵심적인 지식이었는지 알 수 있을 것이다.

4장과 5장에서는 회화와 건축에서 중요한 비례의 문제를 다룬다. 유클리드 기하학이 어떻게 아름다운 비례를 정의했고 그것이 역사적으로 회화와 건축에 어떻게 적용되었는지 살펴본다. 우리는 레오나르도 다 빈치와 르네상스 건축의 거장들이 수학적 지식을 어떻게 생각했고 어떻게 작품에 구현했는지를 알게 될 것이다.

6장과 7장은 회화에서 중요한 기법인 원근법과 원근법의 영향으로 탄생한 사영기하학에 대해 살펴본다. 원근법의 발전 배경에는 화가에게 수학 및 인문학에 대한 지식을 강조한 르네상스 시대의 경향을 볼 수 있다. 기하학에 관심을 가지고 공부한 화가들을 통해 원근법이 발전할 수 있었다. 사영기하학은 원근법의 문제에 대해 고민한 화가 및 엔지니어들에 의해 시작된 기하학이다. 예술적 기법과 기하학과의 유기적 관계를 보여 주는 좋은 예다.

8장은 20세기 초 시공간의 이해에서 일어난 혁명, 즉 상대성 이론을 낳은 기하학의 혁명을 다룬다. 유클리드 기하학이 우리가 사는 세상을 설명하는 유일한 참된 기하학이라는 2000년 동안 당연시되었던 믿음이 그 안에서 흔들리는 과정을 보여 준다. 유클리드 기하학의 공리 중 평행선에 대한 공리가 절대적이지 않으며, 공리를 바꿈으로써 다른 의미 있는 기하학이 가능하다는 것을 사람들이 어떻게 발견하는지 보게 된다. 뿐만 아니라 그로부터 정말로 우리가 살고 있는 우주를 설명해 줄 기하학으로 나가는 여정도 살펴본다. 아울러 그 변화가 현대 회화에 미친 영향을 알아본다. 특히 입체주의와 비유클리드 기하학과의 관계를 주로 조명한다.

마지막으로 9장에서는 컴퓨터 시대가 아니면 등장할 수 없었던 기하학을 소개한다. 전통적인 기하학으로는 다룰 수 없었던 불규칙한 기하학적 대상들을 성공적으로 다루는 아이디어가 무엇인지 살펴볼 것이며 새로운 기하학이 무질서 속에서 질서를 추구하는 현대의 예술을 어떻게 설명할 수 있는지 살펴볼 것이다.

이 책은 한동대학교에서 수년간 강의해 온 교양 강좌 '수학과 문명'을 토대로 쓴 것이다. 이 수업은 수학을 어려워하고 부담을 갖는 학생들, 특히 디자인, 건축, 미디어 등을 공부하는 학생들에게 역사적으로 많은 예술가들이 기하학에서 영감을 받아 방법론을 발견한 예들을 보여 주어 수학에 흥미를 갖게 하고자 했다. 기하학과 그 응용에 대한 주제는 방대하지만 학생들이 몇 가지 주제를 집중적으로 살펴보고 깊이 사고하게 하는 것이 의

도였다. 동시에 융합 시대를 살아가는 학생들이 자신의 분야와 성격이 많이 다른 분야의 아이디어와 접했을 때 어떻게 그것을 소화하고 자신의 분야에 적용할 수 있을지 또한 다른 분야의 사람들과 두려움 없이 생산적인 소통을 할 수 있을지 고민해 볼 수 있는 기회를 제공하고자 했다.

이 책에서 소개하는 기하학과 예술의 만남을 통해 예술에는 관심이 있지만 수학에는 부담을 갖는 학생들, 반대로 수학은 좋아하지만 수학이 현실에 어떻게 이용되는지 궁금해하는 사람들에게 도움이 되었으면 한다. 아울러 수학에 대해 더 풍성한 이해를 갖게 되길 소망한다.

차례

수학,
예술을 만나다

게이트웨이 아치Gateway Arch는 1965년 완공된 미국 미주리 주 세인트루이스에 있는 아치형 조형물로, 서부 개척 시대의 관문 역할을 한 세인트루이스의 상징물이다. 미국의 건축가이자 디자이너인 에로 사리넨Eero Saarinen이 디자인했으며, 현수선을 뒤집은 모양이다. 현수선은 두 개의 전봇대를 잇는 전선이 그 무게에 의해 늘어져 만들어지는 곡선이다. 현수선에 관한 문제를 처음 생각한 사람은 갈릴레오 갈릴레이지만 그는 2차 곡선이 현수선이라고 이해했다. 정확한 답을 찾은 사람은 영국의 물리학자 로버트 훅Robert Hooke이었다. 현수선을 표현하는 함수를 쌍곡 코사인이라고 부르는데, 이는 증가하는 지수 함수와 감소하는 지수 함수의 평균으로 정의된다. 스페인의 건축가 안토니 가우디Antoni Gaudi도 성가족La Sagrada Familia 성당 내부를 받치는 아치를 설계할 때 이 곡선을 이용했다.

수학은 인류의 문명과 함께 시작된 아주 오래된 학문이다. 고대 세계의 수학의 탄생과 발전은 농경과 밀접한 관련이 있다. 온도의 변화와 우기와 건기의 시기가 주기적임을 이해한 인류는 태양의 위치나 달의 변화와 연결하여 절기라는 것을 만들었다. 정확한 달력을 만들기 위해서는 천문 관측이 발달해야 했고 이는 산술 계산법의 발달로 이어졌다. 강한 왕권을 가진 사회는 대규모 노동력을 동원해 건설 및 토목 사업을 할 수 있었다. 이런 대규모 사업을 하기 위해서는 자원을 적절하게 배분해야 했고 원하는 건축물을 짓기 위해서는 그에 따른 계산을 해야 했다. 또한 대형 건축물은 측량이 필수적이었는데, 이는 오늘날 기하학의 모태가 된 지식의 발달을 가져왔다.

수학은 다분히 실용적인 목적에서 출발했지만 세월이 지날수록 수학자들은 수학 자체에서 나오는 질문에 골몰하게 되었다. 수학을 연구하는 과정에서 새로운 수학적 아이디어들이 등장했다. 세월이 지나면서 수학은 체계를 갖춘 하나의 거대한 건축물처럼 되었다. 축적된 아이디어뿐만 아니라 형식과 언어 또한 건축물을 올리는 벽돌 역할을 했다. 수학이라는 건물이 세워질 때, 현실의 문제와 교류가 중단된 적은 없었다. 이는 항상 수학에 활력을 불어넣었다. 해결해야 할 어려운 방정식이 등장했고, 이는 대수학이라는 분야를 발전시켰다. 행성의 운동을 이해하려는 오랜 노력은 미적분학을 탄생시켰고, 이후 미적분학은 수많은 과학의 문제들을 해결하며 방법론으로서 더욱 풍성해졌다. 금속판 위에 열이 퍼지는 방식을 설명하는 것이나, 유체의 흐름을 이해하여 비행기나 배, 자동차를 설계하는 것도 미적분학이 아니었으면 불가능했을 것이다. 도박사들의 주된 관심사였던 확률은 수학이라는 옷을 입고 정교한 이론으로 발전해 오늘날 기후나 주식 시장의 불확실성을 이해하는 도구가 되었다.

한편 현실의 문제를 해결하는 것뿐 아니라 수학이라는 집을 어떻게 지을 것인가에 대해 서로 수학자들은 다양한 고민을 했다. 그 과정에서 수학은 깊이 감추었던 아름다움을 보여 주었고 사람들은 그 신비에 감탄하며 매료되었다.

수학은 크게 방정식을 풀거나 수의 구조를 연구하는 대수학, 공간의 성질에 대해 연구하는 기하학, 함수나 미분방정식 등을 다루는 해석학으로 구분한다. 대수학과 기하학은 문명의 역사만큼이나 오래되었다. 이 책에서는 특히 기하학에 주목한다.

고대 문명의 발생지인 이집트나 바빌론, 중국, 인도 모두 기하학에 대한 실용적인 지식들을 가지고 있었지만 논증적인 과학으로서의 기하학은 고대 그리스에서 시작되었다. 그 지식을 집대성한 것이 유클리드의 《원론》이다. 이후의 모든 기하학의 발전은 유클리드 기하학에 근거한다. 고대 그리스·로마 문명이 멸망하기까지 평면 및 공간에서 기본적인 기하학적 대상에 대한 연구가 상당히 축적되었다. 이후 아랍 수학자들이 몇 세기에 걸쳐 유클리드 기하학을 더욱 발전시켰다.

중세 말기에 유럽에서 부활한 유클리드 기하학은 르네상스를 거치면서 회화, 건축, 디자인에 다양하게 응용되었다. 이후 사영기하학으로 발전하게 된 원근법과 관련된 기하학이 탄생한 것도 르네상스를 거치면서였다. 기하학의 역사에서 중요한 전환은 《원론》에 등장하는 평행선 공리에 관한 근본적인 관점의 변화를 통해 이루어진다. 이 전환을 통해 19세기 초에 등장한 기하학이 비유클리드 기하학이다. 비유클리드 기하학은 이후 미분기하학, 위상기하학 등 새로운 기하학의 탄생을 이끌어냈다. 나아가 수학의 다른 분야와의 상호작용을 통해 또한 다른 분야로의 응용을 통해 기하학은 더욱 풍성한 분야로 성장했다.

이 책에서 기하학을 가지고 수학에 대한 이야기를 하려는 이유는 다음과 같다.

첫째는 일단 눈에 보이는 것을 가지고 시작하는 것이 익숙하면서도 쉽기 때문이다. 좀 더 정확하게 말한다면 기하학은 우리의 시각적 경험과 맞닿아 있는 부분이 상당히 많다. 자연은 문명의 일차적인 원천이다. 우리는 자연에서 다양한 패턴을 발견한다. 해와 달, 구름, 숲의 나무들, 나뭇가지와 나뭇잎, 해변의 파도와 자갈, 비행하는 철새떼, 먹이를 운반하는 개미의 행렬 등 주위에서 다양한 패턴을 발견할 수 있다. 물론 우리의 삶에서도 다양한 패턴을 관찰할 수 있다. 건물 내 방의 배치, 방 안 가구의 배치, 책장에 진열된 책들, 주차장에 주차된 자동차들, 커튼의 문양, 드레스의 무늬, 만찬장에 배열된 음식 등등. 기하학은 우리가 경험하는 시각적 패턴을 추상화한 기하학적 대상의 수학적 성질을 공부하는 분야다. 기하학적 대상을 가지고 사고 실험을 함으로써 우리의 시각적 경험에서는 발견할 수 없었던 질서들을 찾아내는 것이 기하학의 출발점이다.

두 번째로 기하학은 우리 사고의 자연스러운 한 측면을 가장 잘 보여 준다. 기하학을 의미하는 영어 geometry는 '토지를 측량하다'라는 의미인데, 이는 기하학의 기원이 땅을 분할하는 것과 관련이 있음을 알려 준다. 우리는 단지 시각적으로 구분 가능한 어떤 형태를 다루는 것만이 아니다. 그것보다 더 본질적인 것은 분할에 대한 아이디어다. 예를 들어 어떻게 직각이라는 개념이 탄생했을까? 이는 바닥에 타일을 어떻게 깔 것인가라는 문제와 연관된다. 직사각형 타일을 사용하는 것이 유일한 방법은 아니지만 가장 단순한 해법이다. 기하학은 수학에 대해 궁금해하는 사람이 수학이 무엇을 다루는 학문인지 탐구하기로 결심했을 때 택할 수 있는 비교적 용이하면서도 아주 핵심적인 방법이다. 기하학은 수학을 대표할 수 있는 아이디어의 보고이기 때문이다.

세 번째로 기하학은 다른 문화와 관계하는 부분이 상당히 넓다. 이를 역사적으로 확인하는 것이 이 책의 목적 중 하나이기도 하다. 유클리드 기하학이라 불리는 기하, 즉 자와 컴퍼스로 평면 도형을 작도하는 기하는 구체적인 응용을 많이 가지고 있다. 어떤 도구나 기계의 설계도를 그릴 때, 그 구성 요소는 직선, 원, 사각형, 삼각형 등 단순한 기하학적인 도형이다. 이들 사이에 성립하는 다양한 수학적 관계에 대한 지식은 설계도를 그리는 것을 용이하게 해 주었고 동시에 건축가들에게 건축 설계에 대한 영감을 주었다. 건물을 이루는 기본 요소들을 어떻게 배치하고 어떻게 조화를 이룰 것인지에 대한 지식을 주었던 것이다. 중세 고딕 성당에 달린 거대한 창의 설계 및 아치의 도안에서부터 이탈리아 르네상스 시대 빌라의 설계까지 유클리드 기하학의 다양한 응용을 볼 수 있다. 심지어 오늘날 폭스바겐 자동차 비틀의 디자인에서도 유클리드 기하학의 정교한 응용을 볼 수 있다. 애니메이션에 사용되는 컴퓨터 그래픽에서 사용하는 기하학도 그 바탕은 유클리드 기하학이다.

이러한 면에서 기하학은 수학이 무엇인지 이야기하기에 좋은 소재다. 동시에 수학과 예술의 만남을 비교적 쉽게 설명할 수 있는 분야다. 대부분의 사람들은 예술이 수학으로부터 가장 멀리 있는 분야라고 생각한다. 그러나 수학과 예술만큼 아주 가까운 분야는 없다. 두 분야 모두 고도의 창의성과 상상력을 필요로 하는 분야다. 수학은 구조의 아름다움을 보여 주는 데 큰 역할을 한다. 한 편의 소나타나 교향곡은 굉장한 구조적 아름다움을 가지고 있다. 이는 시나 소설에서도 발견된다.

앞으로 이어질 장에서 수학, 특히 기하학이 본래의 실용적인 목적을 위해 발전하는 동시에 거기에서 발견된 수학적 아이디어가 어떻게 다른 분야로 연결되는지를 알아본다. 문명이 발전하는 데 수학은 어떤 역할을 했는지, 건축가와 예술가들이 수학이라는 도구 또는 관점을 어떻게 이해하고 활용했는지 등을 살펴본다.

이러한 시도는 수학이 우리 문명의 큰 기초를 이루고 있음을 단편적으로 보여 줄 수밖에 없겠지만, 이를 통해 수학은 결코 고립된 주제가 아니며, 늘 우리 삶 속 가까이 있어 왔다는 것을 확인할 수 있는 기회가 될 것이다.

1

▲

문명의 탄생과 함께한 수학

2014년 8월, 광복절을 기념하는 태극기가 거리 곳곳에 나부끼는 서울로 세계 각국의 수학자들이 모여들었다. 4년에 한 번씩 열리는 수학자들의 큰 축제인 세계수학자대회(International Congress of Mathematicians: ICM)에 참가하기 위해 세계 곳곳에서 온 것이다. 아시아에서는 이미 수학의 선진국인 일본(1990)과 중국(2002)이 이 대회를 유치한 바 있다. 2010년 개최국 또한 수학의 발생지 인도였다. 서구 국가들이 수학계를 주도하는 풍토에서 대회가 연이어 아시아에서 열리게 되어 뜻깊었다.

세계수학자대회는 1897년 스위스의 취리히에서 처음으로 개최되었다. 첫 대회에는 16개국에서 수학자 200여 명이 참석했다. 3년 뒤 파리에서 2차 대회가 열렸을 때 당시 수학계의 지도자라 할 수 있는 다비트 힐베르트 David Hilbert(1862~1943)는 다가오는 세기(20세기)에 해결되어야 할 수학 문제 23개를 제시했다. 이후 세계수학자대회는 수학계의 동향과 방향을 가늠하는 중요한 자리가 되었다.

세계수학자대회의 하이라이트는 수학의 노벨상이라 불리는 필즈상

그림 1-1 필즈 메달의 앞뒷면.

Fields Medal 시상식이다. 40세를 넘지 않은 젊은 수학자 2~4명에게 수여하는 이 상은 개인에게도 큰 영예이지만 지난 4년간 수학계가 성취한 위대한 업적을 축하하는 의미도 있다. 필즈상은 1차 세계 대전 이후 분열되어 있던 국제수학연맹의 화합을 위해 노력한 캐나다 수학자 존 찰스 필즈John Charles Fields(1863~1932)의 숭고한 정신과 노력으로 이루어졌다.

1차 세계 대전 이후 영국과 프랑스는 전쟁 중 적대 관계였던 독일과 학문적인 영역에서의 교류조차 허용하지 않았다. 미국 수학계가 중재를 위해 노력했지만 그 안에서도 찬성과 반대가 나뉘었다. 1924년 토론토 세계수학자대회에 독일은 초청받지 못하다가 1928년 볼로냐 대회부터 초청을 받았다. 그럼에도 갈등은 여전히 남아 있었다.

프랑스와 독일의 여러 수학자들과 친분이 있었던 필즈는 매년 여름 유럽을 방문해 수학계의 화합을 위해 애썼다. 1930년 그는 국제수학연맹에 수학자상을 제안하였다. 필즈는 자신의 재산을 기금으로 내놓았을 뿐 아니라 메달의 디자인도 제안했다. 필즈상은 1936년 오슬로 대회에서 처음으로 수여되었는데, 안타깝게도 1932년 세상을 떠난 필즈는 첫 시상식을 볼 수 없었다. 필즈 메달의 앞면에는 고대 최고의 수학자 아르키메데스Archimedes(BC 287?~BC 212)의 얼굴이 새겨져 있고, 1세기 로마의 시인 마르쿠스 마닐리우스Marcus Manilius의 시구절인 "그대의 지성의 한계를 넘어서 우주를 온전히 이해하라TRANSIRE SUUM PECTUS MUNDOQUE POTIRI"가 라틴어로 적혀 있다.

2014년 세계수학자대회의 첫날 필즈상 수상자 발표는 전 세계를 놀라게 했다. 필즈상 최초로 여성 수상자가 나왔고 남아메리카 대륙에서도 처음 수상자가 나왔다. 그뿐 아니라 인도 출신의 수학자가 처음으로 수상했다.

필즈상 최초의 여성 수상자 마리암 미르자하니

마리암 미르자하니Maryam Mirzakhani(1977~2017)는 이란 출신의 수학자다. 테헤란에서 자란 그녀는 고등학생이 될 때까지 특별한 수학적 재능을 보이지 않았다. 오히려 영재들을 위한 여자 중학교를 다닐 때는 수학을 잘 못해 싫어하기도 했다. 그녀는 상상하기를 좋아하고 다양한 책을 즐겨 읽었다. 그러다 고등학교 때 자신의 수학 능력을 시험해 보고 싶어서 국제수학올림피아드 출전을 준비했다. 이란 역사상 최초의 여학생 국가 대표가 된 그녀는 올림피아드에서 두 번이나 금메달을 받음으로써 숨겨져 있던 수학 능력을 확인할 수 있었다. 이란에서 대학을 마친 후 미국으로 건너와 하버드 대학교에서 박사 학위를 받았다. 그녀의 지도 교수 커티스 맥멀런Curtis McMullen(1958~) 역시 1998년 (쌍곡기하학에 관한 연구로) 필즈상을 수상했다.

맥멀런의 세미나에 참석했을 때 미르자하니는 발표자들이 말한 내용을 거의 이해하지 못했다. 이미 학부에서 알아야 했던 것을 자신이 잘 모르고 있다는 것을 깨달았다. 그러나 발표 내용에 대한 맥멀런의 설명은 이해할 수 있었다. 맥멀런의 설명은 단순하고 우아해 그녀에게 깊은 인상을 남겼다. 그때부터 미르자하니는 맥멀런 교수에게 정기적으로 질문하고 그와의 대화에서 나온 문제들을 생각해 보기 시작했다. 그녀가 졸업할 무렵에는 앞으로 탐구해야 할 아이디어들로 가득 찼다.

미르자하니는 쌍곡 곡면의 기하학에 대해 연구했다. 곡면은 기하학과 위상수학에서 다루는 가장 기본적인 대상이다. 축구공이나 도넛 등이 대표적인 곡면이다. 모든 곡면은 위상적인 성질에 따라서 분류가 가능하다. 위상적인 성질이란 곡면을 휘거나 구부러뜨려도 변하지 않는 것을 말한다. 축구공의 바람을 조금 빼면 공이 안으로 찌그러진다. 이 찌그러진 축구공은 본래의 축구공과 위상적으로 다르지 않다. 그러나 축구공과 도넛은 위상적으로 다르다. 축구공 위에 원을 하나 그려 보자. 축구공이 계속해서 수축하면 이 원도 수축하여 결국 한 점으로 모이게 된다. 도넛 위에 도넛의 둘레를 따라 큰 원을 그려 보자. 도넛이 아무리 수축해도 이 원은 한 점으로 모일 수가 없다. 곡면은 구면에 몇 개의 핸들을 붙여서 얻을 수 있는가에 따라 위상적으로 분류된다.

곡면의 위상적인 성질만 고려한다면 기하학적으로 흥미로운 것이 적다. 기하학을 하기 위해서는 곡면 위에서 거리나 각을 잴 수 있어야 한다. 곡면 위에서 거리를 어떻게 정의하느냐에 따라 곡면은 서로 다른 기하학적 성질을 갖는다. 쌍곡 곡면이란 곡면이 음의 곡률을 갖는 경우다. 곡률은 곡면이 휘어진 정도를 의미한다. 양의 곡률을 갖는 곡면은 구면이 대표적이다. 음의 곡률을 이해하기 위해서 스테인리스 숟가락을 생각해 보자. 숟가락 안쪽에 비친 내 얼굴은 안으로 찌그러져 보인다. 반면에 숟가락을 뒤집

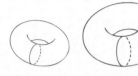

미르자하니와 모듈라이

미르자하니는 하나의 고정된 쌍곡 곡면만을 생각한 것이 아니라 쌍곡 곡면의 기하학적 구조가 변할 때 단순한 측지선의 개수가 어떻게 변하는가를 살펴보았다. 수학에서는 하나의 특정한 대상을 연구하는 것보다 그것을 포함하는 더 큰 부류의 구조를 연구함으로써 본래의 특정한 대상에 대해 알고 싶어 하던 것을 이해하는 일이 종종 있다. 수학자들은 종수가 고정된 쌍곡 곡면상에 정의할 수 있는 모든 쌍곡기하학적 구조들의 모임을 생각한다. 이를 모듈라이 공간 moduli space이라고 부른다. 수학자들은 이 모듈라이 공간이 상당히 복잡하며 이해하기가 쉽지 않다는 것을 깨달았다. 동시에 상당히 풍성한 구조를 갖고 있어 이 자체가 수학적으로 흥미로운 연구 대상임을 알게 되었다.

미르자하니는 모듈라이의 부피와 쌍곡 곡면의 측지선의 개수 사이에 상관관계가 있음을 발견했다. 더 놀라운 점은 미르자하니의 발견이 결과적으로 수리물리학에서 아주 어려운 예상으로 알려진 에드워드 위튼Edward Witten(1951~)의 예상을 해결한 것이다. 위튼은 1990년 이론 물리학의 끈 이론과 위상수학 및 기하학 사이의 관계성을 보여 준 업적으로 필즈상을 수상한 물리학자이자 수학자다. 위튼의 예상은 2차원 양자 중력 이론의 모델을 설명하기 위해 제시한 모듈라이의 위상적인 양들에 관한 예상이다. 사실 1992년 러시아의 수학자 막심 콘체비치Maxim Kontsevich(1964~)가 조합론적 방법으로 이 예상을 처음으로 해결하였고 그 공로로 1998년 필즈상을 수상했다. 미르자하니는 콘체비치와는 다른 관점의 증명을 제시한 것이다.

어 바깥쪽에 비추어 보면 내 얼굴은 바람을 넣은 것처럼 부풀어 보인다. 곡면에 음의 곡률이 주어지면 도형의 모양이 숟가락 안쪽에 비친 내 얼굴과 같은 모양을 한다고 보면 된다.

미르자하니가 필즈상을 받을 수 있었던 업적 중 하나는 쌍곡 곡면상의 닫혀 있는 측지선(두 점 사이를 연결하는 최단 거리의 곡선) 중 중간에 교차점이 없는 단순한 측지선의 개수에 관한 것이다. 그녀는 길이가 L 정도인 측지선의 개수가 L값이 커질 때 g−6의 크기로 커진다는 것을 발견하였다. 여기서 g는 곡면의 종수genus, 즉 곡면이 가진 핸들의 개수다. 그녀의 발견에 사용된 아이디어도 새로웠을 뿐 아니라 발견의 과정에서 물리학의 끈이론 string theory에서 나오는 어려운 질문에 답을 줄 수 있었다.

페르시아 제국의 후예

이란의 역사를 들여다보면 미르자하니와 같은 뛰어난 수학자가 나온 것은 당연해 보인다. 근대 이후로 수학의 중심지는 유럽이었지만 수학이 시작된 곳은 유럽이 아니다. 수학은 인류의 문명 발생지인 중국, 인도, 메소포타미아, 이집트에서 시작되었다.

이란의 서쪽에 자리잡은 이라크에는 문명을 발생시킨 티그리스 강과 유프라테스 강이 흐르고 있다. 메소포타미아라고 불리는 이 지역은 BC 6000년경부터 농경이 시작된 곳이다. BC 3500년경 메소포타미아 남부(오늘날 이라크의 남부)에 사는 수메르인들은 문명의 발생에 결정적인 역할을 한다. 그들은 문자를 만들었고 이를 사용해 기록을 했다. 지구라트zigurat라 불리는 계단식 피라미드를 건축할 수 있는 능력도 있었다. 이로 인해 발달

그림 1-2 이라크에 있는 복원된 지구라트. 피라미드 건설은 수학의 발달을 촉진시켰다.

한 측량술은 수학의 발달을 촉진시켰다. 60진법을 도입했고 곱셈표를 사용하였으며 오늘날 주판과 비슷한 도구를 사용했다.

수메르인 이후로 메소포타미아의 주인은 여러 번 바뀌었다. 페르시아가 역사에 등장한 것은 BC 6세기다. 직전까지 메소포타미아 지역은 히타이트에게 철기 문명을 전수 받은 아시리아인이 차지했다. 아시리아인은 아슈르라는 전쟁의 신을 섬겼는데, 정복하는 곳마다 사람들을 멸절시키는 잔인함으로 유명했다. 이스라엘과 이집트까지 평정했던 강국 아시리아는 내분을 겪다가 BC 612년 바빌론과 메디아의 연합군에 멸망한다. 이후 메소포타미아의 혼란을 잠재운 이는 아케메네스 제국을 세운 키루스Cyrus다. (영화 〈300〉에 나오는 크세르크세스왕은 다리우스 1세의 아들인데, 다리우스 1세는 키루스를 승계한 왕 캄비세스를 따라 이집트 원정에 참여했던 왕족이었다.) 다리우스 1세가 다스리던 페르시아 제국은 서쪽으로는 이집트와 터키, 동쪽으로 아프가니스탄과 인도의 서쪽 경계를 포함했고 북쪽에서 남쪽으로는 중앙아시아의 남쪽 경계에서 인도양에 이르렀다.

중세 이슬람 최고의 수학자 오마르 하이얌

역사적으로 페르시아는 지리적 위치 때문에 바빌론, 그리스, 인도에서 수입된 수학이 만나는 장소였다. 페르시아는 8세기에 아랍인들에 의해 정복된 후 이슬람 문화의 지배를 받게 된다. 당시 이슬람의 수도는 바그다드였는데, 이곳은 학문의 중심지 역할도 했다. 중세 이슬람 세계에서 수학의 발전은 주로 이곳에서 이루어진다. 아랍인들은 당시 건재했던 동로마제국에서 그리스 수학 관련 저작들을 가져와 번역함으로써 유클리드Euclid(BC 330?~BC 275?)나 디오판토스Diophantus(246?~330?)의 수학적 업적을 알게 되었다. 전설에 따르면 아바스 왕조의 7대 칼리프 알 마문Al-Ma'mūn(786~833)이 아리스토텔레스가 나타나는 꿈을 꾸고 나서 구할 수 있는 모든 그리스의 고전들을 아랍어로 번역하기로 결심한 것이 중요한 계기가 되었다고 한다.

《루바이야트Rubaiyat》▲의 시인으로 더 잘 알려진 오마르 하이얌Omar Khayyam(1048~1131)은 1048년 니샤푸르에서 태어났다. 니샤푸르는 11세기와 12세기에 페르시아 지역을 통치했던 셀주크 왕조의 수도가 잠시 있던 곳이었다. 1073년 셀주크 왕조의 3대 술탄 말리크샤Malik-Shāh가 하이얌을 새 수도 이스파한의 천문대장으로 초빙하기 전까지 하이얌은 사마르칸트(오늘날 우즈베키스탄에 있는 지역)에서 철학과 수학 관련 저술을 하였다. 그는 총 14권의 저작물을 남겼는데, 그중 7권이 철학에 관한 것이다. 하이얌은 신의 존재, 존재의 계층, 종말론, 악의 문제, 결정론과 자유의지 등 다양한 철학적, 신학적 주제에 관심을 가졌다. 18년 동안 이스파한에 체류하면서 하이얌

▲   4행 시집(루바이란 4행시를 말함)으로, 19세기의 영국 시인 에드워드 피츠제럴드Edward Fitzgerald가 번역해 널리 알려지게 되었다.

은 천문 관측 결과를 정리하고 그 결과를 바탕으로 기존 달력을 개정했다.

　다양한 분야의 업적을 남겼지만 무엇보다 하이얌은 중세 이슬람 최고의 수학자다. 그의 가장 중요한 수학적 결과는 3차방정식의 해법에 관한 것이다. 본래 하이얌은 원추 곡선에 대한 기하학적 문제에 관심이 있었다. 오늘날 방정식은 대수학이라는 분야의 대표적인 문제로, 기하학적인 방법에 의지하지 않고 순수하게 대수적으로 방정식의 해를 찾는 것이 일반적이다. 그러나 고대 그리스인들은 방정식을 순수하게 기하학적인 문제로 이해했다. 그들은 직사각형을 이용하여 2차방정식을 해결하는 방법을 알고 있었다. 하이얌은 3차방정식도 기하학의 문제로 바꿀 수 있으며, 자와 컴퍼스만을 이용하여 해를 작도할 수 있음을 보였다. 하이얌이 일반적인 3차방정식을 해결한 것은 아니다. 16세기 중엽에 와서야 이탈리아의 수학자 지롤라모 카르다노 Girolamo Cardano(1501~1576)가 3차방정식의 일반적인 해법을 발견했다.

예술을 통해 수학을 알게 된 만줄 바르가바

마리암 미르자하니와 더불어 필즈상을 수상한 또 다른 아시아 출신 수학자 만줄 바르가바 Manjul Bhargava(1974~)의 부모는 인도에서 캐나다로 이주했다. 바르가바는 어려서부터 비범한 수학적 능력을 보여 주었다. 수학 교수인 바르가바의 어머니는 뛰어다니던 세 살짜리 아들을 진정시키기 위해 커다란 수의 덧셈 문제를 주고는 했다. 바르가바는 조용히 앉아 손가락을 몇 번 움직여 본 후 답을 찾아내곤 했다. 여덟 살 무렵 바라가바는 어느 날 과일 가게에 피라미드 모양으로 쌓여 있는 오렌지를 보고 피라미드의 층수는 오렌지의 전체 개수와 어떤 관계가 있는지 궁금해졌다. 몇 달을 혼자 생각하던 바르가바는 피라미드의 층수가 n이면 오렌지의 전체 개수는 n(n+1)(n+2)/6임을 알아냈다.

수학적으로 조숙했던 바르가바는 수학을 향한 탐구 열정을 억누를 수 없었다. 학교 대신 어머니의 수학 강의도 듣고 대학 도서관에서 책을 읽으며 공부하기도 했다. 바르가바의 가족은 해마다 인도 자이푸르에 사는 바르가바의 할아버지를 방문했는데, 할아버지는 라자스탄 대학교에서 산스크리트어를 가르쳤다. 바르가바는 할아버지를 통해 산스크리트어로 쓴 시를 접하게 되었다. 그는 고대 시가 갖는 리듬에 매료되었을 뿐 아니라 그 리듬 속에 수학적인 규칙이 있다는 사실을 발견했다. 또 '타블라'라는 핸드 드럼 두 개로 이루어진 인도의 전통 타악기를 배웠다. 바르가바는 대학에 가야 할 시점에 음악과 언어학과 수학 중 무엇을 직업으로 생각해야 할지 심각하게 고민했다.

이런 예술에 대한 사랑은 바르가바가 훗날 대학에서 학생들을 가르칠 때 큰 역할을 했다. 그는 수학과는 거리가 먼 전공의 학생들에게 수학을 가르치는 것을 좋아했다. 예술이나 인문학을 전공하는 학생들은 일반적으로 수학에 대해 공포심을 갖고 있다. 그는 "나는 예술을 통해 수학을 알게 되었기에 스스로를 과학보다는 예술에 매료된 것으로 여기는 사람들을 수학으로 인도하는 것에 큰 열정을 느낀다"고 말했다. 그가 프린스턴 대학교에서 개설한 1학년 세미나는 언제나 수학을 이용한 마술을 보여 주는 것으로 시작했다. 그리고 마술에 숨겨진 수학적 아이디어를 찾는 것으로 이어졌다.

하버드 대학교에서 학부를 마친 바르가바는 프린스턴 대학교에서 앤드루 와일스Andrew Wiles(1953~)의 지도로 박사 학위를 받았다. 앤드루 와일스는 1994년 400년간 미해결 문제였던 '페르마의 마지막 정리'를 해결한 수학자다.▲ 바르가바의 박사 학위 논문은 200년 전에 정수론 분야에서 이루어진 카를 프리드리히 가우스Carl Friedrich Gauss(1777~1855)의 유명한 발견과 관련이 있다.

두 제곱수의 합으로 표현되는 수가 두 개 있다고 하자. 이 두 수를 곱하면 이 수 역시 두 제곱수의 합으로 표현된다. 예를 들면 53은 제곱수 4와 49의 합이며 34는 제곱수 9와 25의 합이다. 53과 34를 곱하면 1802가 된다. 1802는 11의 제곱과 41의 제곱의 합이다. 이것을 일반화해 보자. 먼저 2차 형식이라는 것을 정의하자. 두 개의 변수와 2차식만으로 이루어진 것을 2차 형식이라고 한다. 예를 들면 x^2+y^2, $3x^2+5y^2$, $x^2+4xy+7y^2$ 같은 것이 2차 형식이다. 만약 2차 형식으로 표현되는 두 수가 있다고 하자. 이 두 수를 곱하면 어떤 형태의 2차 형식으로 표현될 수 있을 것인가?

2차 형식의 문제는 피에르 드 페르마Pierre de Fermat(1601~1665)가 처음 생각해 냈다. 페르마는 어떤 소수 p가 x^2+y^2 형태로 표현될 필요충분조건이 p가 2거나 4로 나누었을 때 나머지가 1이 됨을 발견하였다. 2차 형식의 이론을 결정적으로 정립한 사람은 가우스였다. 가우스는 먼저 사실상 동일한 2차 형식들을 하나로 간주해야 함을 파악했다. 예를 들면 $x^2+2xy+2y^2$ 형태로 표현되는 자연수는 a^2+b^2 형태로도 표현되며 그 역도 참이다. 따라서 두 2차 형식은 동일한 것으로 간주할 수 있다. 일반적인 2차 형식 $ax^2+bxy+cy^2$의 연구에 있어 판별식 b^2-4ac가 중요한 역할을 한다. 이것은 2차방정식의 근의 유형이 판별식의 부호에 의해 결정되는 것과 유사한 이유다. 가우스는 임의의 2차 형식이 계수 사이에 특별한 관계

▲ 앤드루 와일스(당시 41세)는 필즈상의 나이 규정 때문에 수상하지는 못했지만 국제수학연맹(IMU)에서 1998년 기념 은판을 제작해 필즈상 대신 수여했다. 필즈상 수상자는 아니지만, 이를 수여했다는 사실을 필즈상 수상자 공식 명단에 같이 게재했다.

를 가지는 형태로 환원될 수 있다는 것을 보였다. 따라서 2차 형식의 연구의 초점을 이 특별한 관계를 가지는 기본형에만 맞추면 되는 것이다.

바르가바는 박사 학위 논문에서 가우스의 알고리즘을 고차의 형식으로 일반화하는 아이디어를 제시했다. 그는 정육면체의 각 모서리에 숫자를 하나씩 대응시킨 일종의 큐브 행렬을 생각했다. 정육면체를 양분하는 방법에는 세 가지가 있는데 앞뒤로, 좌우로, 상하로 분할하는 것이다. 정육면체를 양분하면 각각 네 개의 모서리로 이루어지는 조각을 갖게 되는데, 네 개의 수는 하나의 2차 형식을 정의하게 된다. 바르가바는 이 큐브 행렬을 이용하여 가우스의 알고리즘에 대한 새로운 이해를 가능하게 했다.

신성기하학

인도하면 떠올리게 되는 힌두교나 카스트 제도는 인도 역사의 주인공이라고 할 수 있는 아리아인에 의해 시작되었다. 중앙아시아에 살던 아리아인이 인더스 강까지 이주하게 된 것은 BC 1500년경이다. 고대 인도인의 최초의 수학 활동은 종교적 기원을 갖고 있다. BC 800년경에 쓰여진 《술바수트라Sulbasutras》는 힌두교의 가장 중요한 경전인 《베다》의 부록이었다. '술바'는 측정용 끈을 의미하고 '수트라'는 종교적 의식을 기록한 책을 의미한다. 《술바수트라》에는 사원의 설계, 제단의 측정과 건축에 관한 기하학적인 내용들이 기록되어 있다. 이 책에서 기하학적 내용과 관련하여 흥미로운 것들을 발견할 수 있다. 가령 2의 제곱근에 대한 다음과 같은 근사를 발견할 수 있다.

$$\sqrt{2} \approx 1 + \frac{1}{3} + \frac{1}{4} \times \frac{1}{3} - \frac{1}{34} \times \frac{1}{4} \times \frac{1}{3}$$

《술바수트라》는 실용적인 책이기에 이 근사를 얻은 수학적 원리에 대한 설명은 빠져 있다. 어떤 방법을 썼는지 알 길은 없지만 비교적 정확한 근사를 얻고 있음을 볼 수 있다.

고대 메소포타미아 지역을 오랫동안 지배한 바빌로니아인도 2의 제곱근에 대해 비슷한 지식을 갖고 있었다. 바빌로니아인들은 점토판을 주요 기록 수단으로 사용했다. BC 1600년경의 것으로 추정되는 점토판 YBC 7289에서 바빌로니아인들의 2의 제곱근에 대한 지식을 확인할 수 있다. 점토판에는 한 변의 길이가 30인 정사각형이 있다. 정사각형의 빗변에는 두 가지 숫자가 주어져 있는데, 위의 숫자는 1 : 24 : 51 : 10이다. 바빌로니아인

은 60진법을 사용했는데 이 숫자를 10진법으로 바꾸면 다음과 같다.

$$1+\frac{24}{60}+\frac{51}{60^2}+\frac{10}{60^3} = 1+\frac{2}{5}+\frac{51}{3600}+\frac{1}{21600}$$
$$= 1+0.4+0.0141666+0.0000462$$
$$= 1.4142129$$

이는 2의 제곱근의 근삿값임을 알 수 있다. 빗변에 주어진 두 번째 수는 42 : 25 : 35인데, 이는 빗변의 길이다. 30에 2의 제곱근의 근삿값을 곱해서 얻어진 수다. 따라서 점토판은 한 변의 길이가 30인 정사각형의 대각선의 길이에 대한 정보를 주고 있다.

《술바수트라》에는 오늘날 피타고라스 정리로 불리는 것에 해당하는 내용도 발견된다. 두 개의 정사각형이 있을 때 이들 면적의 합과 같은 면적을 갖는 정사각형을 작도하는 문제다. 《술바수트라》에 적힌 작도법은 다음과 같다. 정사각형 ABCD와 정사각형 PQRS가 있을 때, 두 번째 정사각형의 한 변에 첫 번째 정사각형의 한 변의 길이를 표시한다(그림 1-4에서 X로 표시). 이제 대각선 SX를 한 변으로 갖는 정사각형을 작도하면 우리가 원하는 정

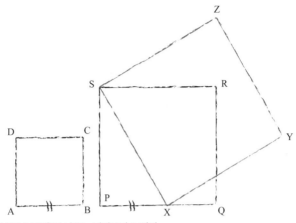

그림 1-4 《술바스트라》에 나오는 피타고라스 정리.

사각형을 얻게 된다.

《술바수트라》에서 발견되는 또 다른 흥미로운 기하학 문제는 주어진 원의 면적을 가지는 정사각형을 찾는 문제다. 이는 고대 그리스인들도 많은 관심을 가졌던 문제다. 그들은 그러한 정사각형을 자와 컴퍼스만을 가지고 작도할 수 있는지를 알고자 했다. 이것이 불가능하다고 수학적으로 증명된 것은 19세기 후반이다. 《술바수트라》에는 주어진 원의 지름의 13/15이 되는 길이를 한 변으로 가지는 정사각형이 그 답이라고 제시한다. 만약 원의 지름을 d라고 한다면 $\pi(d/2)^2 = (13d/15)^2$이라고 주장하고 있다. 이로부터 π에 대한 근삿값 3.00444를 얻는데, 실제의 근삿값과는 상당한 차이가 있다.

고대 이집트인들도 비슷한 문제를 생각했다. BC 1650년경에 기록된 것으로 추정되는 린드 파피루스Rhind Papyrus▲에는 원의 면적을 구하는 방법을

▲ 린드 파피루스는 스코틀랜드의 이집트학 학자인 A. 헨리 린드A. Henry Rhind의 이름을 딴 것이다. 여기에는 87가지 정도의 문제가 등장하는데, 이집트 숫자로는 나눗셈과 곱셈이 쉽지 않았을 텐

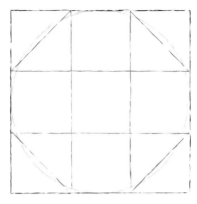

그림 1-5 정사각형으로 원의 면적 근사하기.

다음과 같이 소개한다.

'지름이 9인 원의 면적을 계산하는 방법'
그것의 면적은 얼마인가?
9에서 1을 빼면 8을 얻는다.
8과 8을 곱하면 64를 얻는다.
면적은 64다.

오늘날 사용하는 원의 면적을 구하는 공식을 이용한다면 위의 진술은 $\pi(9/2)^2 = 8^2$을 주장하는 것이고, 이로부터 짐작할 수 있는 원주율의 근삿 값은 $\pi = 4 \times (8/9)^2 \approx 3.16049$이다. 이집트인들은 어떤 논리로 원의 면적 이 정사각형의 면적과 같다고 주장할 수 있었을까? 지름이 9인 원이 내접하

데도 기본 산술에서부터 기하학과 방정식의 풀이까지 다룬다.

는 정사각형을 생각해 보자(그림 1-5). 정사각형의 각 변을 3등분하여 각 모퉁이의 작은 정사각형의 빗변을 취하면 8각형을 얻을 수 있다. 이집트인들은 이 8각형의 면적이 정사각형에 내접하는 원의 면적과 가깝다고 본 것이다. 8각형의 면적을 구해 보자. 8각형은 변의 길이가 3인 5개의 정사각형과 변의 길이가 3인 정사각형을 대각선을 따라 양분해서 얻은 4개의 이등변삼각형으로 나눌 수가 있다. 삼각형 두 개의 면적을 합치면 사실상 한 개의 정사각형의 면적이 되므로 8각형의 면적은 $7 \times (3)^2 = 63$이 된다. 이집트인들은 63이 제곱수 $64 = 8^2$과 가까운 값이므로 한 변이 8인 정사각형이 주어진 원의 면적과 같다고 주장한 것이다.

펠의 방정식

만줄 바르가바가 정수론에서 중요한 발견을 한 최초의 인도 출신 수학자는 아니다. 수학사에서 인도 수학의 높은 수준을 보여 주는 사례는 바르가바가 연구했던 2차 형식과 관련이 깊은 '펠 방정식' 연구에서 발견된다. 펠의 방정식은 '디오판토스 방정식'이라고 부르는 방정식 중 특별한 형태다. 디오판토스 방정식은 다항식으로 표현되는 방정식이다. 예를 들어 1차방정식 $ax + by = 1$은 가장 간단한 디오판토스 방정식이다. 여기서 계수 a, b는 정수다. 디오판토스 방정식을 푼다는 것은 방정식을 만족하는 정수해를 찾는 것이다. 펠의 방정식은 $x^2 - Ny^2 = 1$의 형태를 갖는 방정식이다.

영국 수학자 존 펠John Pell(1611~1685)은 사실 이 방정식과 아무 관련이 없다. 방정식을 연구한 스위스의 수학자 레온하르트 오일러Leonard Euler(1707~1783)가 펠의 결과로 오인해 이름을 잘못 붙인 것이다. 오일러가 오

인한 결과는 영국 수학자인 윌리엄 브롱커William Brouncker(1620~1684)▲의 것
이다. 유럽에서 처음으로 이 문제에 관심을 가진 페르마는 당시 여러 수학
자들에게 이 문제를 제시하였는데, 브롱커는 연분수를 사용하는 방법으로
방정식의 해를 찾을 수 있었다.

펠 방정식의 특별한 경우인 $x^2-2y^2=1$은 이미 BC 400년경에 연구되
기 시작했다. 이는 2의 제곱근의 근사와 관련이 있다. 방정식 $x^2-2y^2=1$의
자연수 해 x, y가 있다면 유리수 x/y는 $(x/y)^2-2=1/y^2$을 만족한다. 따라서
만약 y가 큰 수일 경우 x/y는 2의 제곱근의 좋은 근삿값이 될 것이다.

펠 방정식에 대한 해법을 최초로 제시한 사람은 7세기의 인도 수학자
브라마굽타Brahmagupta(598~665)다. 브라마굽타가 살았던 때는 인도사에서
가장 전성기로 평가 받는 굽타 시대(320~647)의 말기였다. 이 시기에 많은
산스크리트어 문학 작품과 불교도, 힌두교도, 자이나교도들이 쓴 종교 문
학 작품이 쏟아져 나왔다. 수학자 아리아바타Aryabhata(476~550)가 천문학과
수학을 시 형식을 빌려 쓴 아름다운 책《아리아바티야Aryabhatiya》가 나온
것도 이 무렵이다.

앞에서 2차 형식으로 쓸 수 있는 두 수를 곱한 수도 2차 형식으로 쓸
수 있다고 했다. 브라마굽타는 이와 같은 성질이 펠의 방정식을 정의하는 2
차 형식 x^2-Ny^2에 대해서도 성립함을 보였다. 브라마굽타는 이를 이용해
N이 특별한 경우에 펠의 방정식을 해결할 수 있었다.

펠의 방정식의 좀 더 일반적인 해법은 12세기의 또 다른 인도 수학자
바스카라 2세Bhāskara II에 의해 제시되었다. 바스카라는《릴라바티Lilavati》라

▲ 2대 브롱커 자작 윌리엄 브롱커는 근대 과학의 탄생과 발전에 이바지한 영국 왕립학회의 창설
자 가운데 한 사람이며 초대 회장을 지냈다.

브라마굽타는 A와 B가 $x^2 - Ny^2 = p$의 해가 되고 C와 D가 $x^2 - Ny^2 = q$의 해가 되면 $AC + NBD$와 $AD + BC$가 $x^2 - Ny^2 = pq$가 되는 것을 발견하였다. 일종의 곱의 법칙인 셈이다. 브라마굽타가 $x^2 - 92y^2 = 1$의 해를 발견한 아이디어를 살펴보자. 먼저 $x = 10, y = 1$이 $x^2 - 92y^2 = 8$의 해가 되는 것을 알 수 있다. 브라마굽타의 곱의 법칙을 이용하면 $x = 192, y = 20$이 $x^2 - 92y^2 = 64$를 만족함을 알 수 있다. 양변을 64로 나누면 $x = 24, y = 5/2$는 $x^2 - 92y^2 = 1$을 만족한다. 다시 한 번 곱의 법칙을 사용하면 $x = 1151, y = 120$이 $x^2 - 92y^2 = 1$의 해임을 알 수 있다.

는 수학 책을 썼는데, '릴라바티'는 그의 딸 이름이다. 그가 수학 책에 딸의 이름을 붙인 사연은 이렇다. 딸의 결혼식을 앞둔 바스카라는 천문학 지식을 총동원해 가장 좋은 날짜와 시간을 정했다. 그런데 결혼식 직전, 릴라바티가 진주 하나를 물시계에 빠뜨렸고 시계가 멈추었다. 시계가 멈춘 줄 모르고 있던 사이에 결혼식을 올려야 할 시간이 지나가 버리게 되었다. 결혼식은 취소되었고 릴라바티는 평생 독신으로 살았다. 바스카라는 딸을 위로하기 위해 자신의 수학 책에 그녀의 이름을 붙였다.

에라토스테네스의 후예

서울에서 열린 세계수학자대회에 뜻밖의 손님이 초청을 받았다. 2013년,

오랫동안 사람들이 궁금해하던 정수론에서 소수의 분포에 관한 문제를 해결한 장이탕張益唐(1955~)이다. 이 놀라운 결과가 발표되었을 때 장이탕은 58세의 무명 수학자였다. 새로운 수학적 발견이 주로 20대나 30대의 젊은 수학자들에 의해 이루어지는데 50대 중반의 수학자가 정수론의 미해결 문제를 해결한 것은 이례적이다.

장이탕은 1955년 상하이에서 태어났다. 전기공학 교수인 아버지와 공무원인 어머니 밑에서 어린 시절을 보내며 수학에 대한 호기심을 키웠다. 열 살 때 처음 '페르마의 정리'와 '골드바흐의 예상'에 대해 듣고 큰 관심을 갖게 되었다. 문화대혁명이 일어나자 많은 사람들의 삶의 행로가 바뀐 것처럼 그의 가족도 전과 다른 삶을 살아야 했다. 가족 모두 시골의 농장으로 보내져 노동을 해야 했고, 장이탕은 학교를 다니지 못하게 되었다. 혹독한 삶 속에서도 그는 수학에 관한 책을 읽으며 지식에 대한 탐구를 그치지 않았다. 스물세 살이던 해 공장을 다니며 독학으로 대학 입학 시험을 준비했고, 베이징 대학교에 입학할 수 있었다.

1984년 퍼듀 대학교의 대수기하학자 모종지안莫宗堅(1940~)이 베이징 대학교를 방문했을 때 장이탕은 미국으로 유학을 떠날 기회를 갖게 되었다. 모종지안의 지도로 장이탕이 선택한 박사 학위 논문 주제는 독일 수학자 카를 야코비Carl Jacobi(1804~1851)의 예상에 관한 것이었다. 야코비의 예상은 동일한 차원의 유클리드 공간 사이의 사상mapping이 다항 함수로 주어져 있고, 모든 점에서 임의의 서로 독립인 직선들의 상image이 서로 독립인 경우에 다항 함수로 주어지는 역사상inverse mapping이 존재한다는 것이다. 이 문제는 아직까지 미해결로 남아 있다. 장이탕의 박사 학위 논문은 야코비의 예상이 참일 경우 얻을 수 있는 결론들에 관한 것이었다. 장이탕은 결과에 대해 만족스럽지 않았다. 사실상 그의 수학적 열정은 대수기하학이 아니라 정수론에 있었다.

장이탕은 1991년에 박사 학위를 받았지만, 대학에서 자리를 구할 수 없었다. 1999년 뉴햄프셔 대학교의 강사 자리를 구할 때까지 그는 샌드위치 가게에서 계산원, 식당 배달원으로 일하며 어렵게 생활했다. 수학과 관계없는 생활이었지만 수학에 대한 열정을 잠재울 수는 없었다. 그는 쉬는 날이면 대학 도서관에 가 대수기하학과 정수론에 관한 논문을 읽었다.

소수를 추적하라

무명 강사였던 장이탕을 유명하게 만든 주제는 소수prime number에 관한 것이다. 소수는 자연수로서 1과 자기 자신만을 약수로 갖는 수다. 6은 1, 2, 3, 6으로 나누어지는데, 1과 6 이외에도 약수를 가지므로 소수가 아니다. 반면 5는 1과 5 이외에는 약수를 가지지 않는다. 초등학교 시절에 큰 수로 된 분수를 간단한 형태로 바꾸는 계산을 했던 것을 떠올려 보자. 가령 $\frac{30}{72}$ 을 더 간단한 형태로 바꾸려면 분자와 분모의 공통 약수를 찾는다. 공통 약수를 찾으려면 각각의 약수들이 무엇인지 알아야 한다. 각각의 수를 소인수 분해를 해 보면 $30=2\times3\times5$이고 $72=8\times9=2^3\times3^2$이다. 여기서 2, 3, 5가 소수다. 각각의 수를 구성하는 소수를 이해하면 두 수 사이의 공통 약수를 찾는 것이 쉬워진다. 이로부터 $\frac{30}{72}=\frac{6'\ 5}{6'\ 12}=\frac{5}{12}$를 얻게 된다.

소수는 자연수를 연구할 때 기본적인 수이기 때문에 고대 그리스인들이 이에 관심을 가진 것은 자연스러운 일이었다. 유클리드는 소수의 개수가 유한하지 않다는 것을 증명했다. 즉 자연수는 유한개의 기본적인 벽돌로 구성할 수 없다는 것이다. BC 3세기 그리스 키레네의 수학자이자 천문학자인

에라토스테네스Eratostenes(BC 273?~BC 192?)는 소수를 찾는 방법을 고안했다. '에라토스테네스의 체'라고 불리는 이 아이디어는 의외로 간단하다(체로 친 것처럼 끝에 남는 수가 소수다).

예를 들어 30보다 작은 모든 소수를 찾아보자. 가장 작은 소수는 2다. 이제 30보다 작은 2의 배수를 모두 찾아 지운다. 이제 남은 수는 15개 미만이고 이 중에서 소수를 찾으면 된다. 2 다음의 수는 3이다. 이는 소수다. 이제 남은 수 중에서 3의 배수를 지운다. 3의 배수 중에서 2의 배수였던 것, 즉 6의 배수는 이미 지워진 상태다. 따라서 우리가 지워야 하는 수의 개수는 그만큼 줄어들었다. 3 다음의 수는 4인데 이미 지워졌다. 그다음 수는 5다. 지워지지 않았다는 것은 소수라는 의미다. 이제 5의 배수로 2의 배수도 아니고 3의 배수도 아닌 것만 지우면 된다. 그것은 25밖에 없다. 5 다음 수 6은 지워져 있고 다음 수 7은 지워져 있지 않다. 7의 배수 중 지워지지 않은 수는 49인데, 이 수는 30보다 크다. 그러므로 30 이하의 모든 합성수를 지운 셈이다. 1776년 오스트리아의 교사였던 안톤 펠켈Anton Felkel은 에라토스테네스의 체를 사용해 1000만 이하의 소수를 모두 찾아 출판하기도 했다.

놀랍게도 오랫동안 이것이 우리가 소수에 대해 알고 있는 전부였다. 18세기에 들어서야 소수의 분포에 관한 지식에서 한걸음 진보하게 된다. 소수의 정리라고 알려진 정리는 주어진 자연수 N보다 작은 소수의 개수 $\pi(N)$에 관한 것이다. 프랑스의 수학자 자크 아다마르Jacques Hadamard(1865~1963)와 벨기에의 수학자 샤를 장 드 라 발레푸생Charles Jean de la Vallée-Poussin(1866~1962)은 1896년 N값이 아주 클 때 $\pi(N)$이 $N/\log N$ 정도의 크기임을 증명했다. 이 정리에 따르면 100만보다 작은 소수의 개수는 대략 7만 2000개 정도다.

소수의 분포에 관한 또 다른 접근법은 소수를 어떤 공식으로 표현되는 수열로 구현할 수 있는지 살펴보는 것이다. 물론 이럴 가능성은 거의 없다.

소수의 분포가 무척 불규칙하기 때문이다. 그럼에도 식 x^2+x+41에다 $x=0$부터 자연수를 차례대로 대입하면 40개의 소수를 만들어 낼 수 있다. 이런 관점에서 흥미로운 질문은 규칙적으로 분포해 있는 소수가 얼마나 많이 있는가다. 쌍둥이 소수라 불리는 소수의 쌍이 있다. 예를 들면 3과 5, 11과 13, 41과 43, 179와 181 등이다. 소수가 있으면 거기에 2를 더해 소수가 되는 소수 쌍이다. 그럼 쌍둥이 소수 쌍의 개수는 얼마나 많을까? 사람들은 무한히 많을 것이라고 믿고 있지만 누구도 이를 증명하지 못했다. 장이탕이 내놓은 결과는 이 질문과 관련된 것이다.

알려진 사실 중 하나는 임의의 주어진 수만큼 서로 떨어져 있는 소수의 쌍을 항상 찾을 수 있다는 것이다. 1849년 프랑스의 수학자 알퐁스 드 폴리냑Alphonse de Polignac(1826~1863)은 쌍둥이 소수의 예상을 확장해 주어진 수만큼 떨어진 소수의 쌍이 무한히 많이 있다고 예상했다. 장이탕은 서로 떨어져 있는 거리가 7000만 이하인 소수 쌍들이 무한하게 많다는 것을 증명한 것이다. 이것이 의미하는 바는 7000만보다 작은 어떤 수가 있어서 그 수만큼 떨어져 있는 소수의 쌍이 무한하게 많다는 것이다. 그 수가 어떤 수인지는 모른다. 그 수가 2라는 것을 보일 수 있으면 쌍둥이 소수 예상을 증명하는 것이다. 7000만이 큰 숫자라고 생각하겠지만 여기서 중요한 점은 그 수가 유한한 수라는 것이다. 장이탕의 발견 후 정수론 연구자들은 그의 방법을 발전시켜 7000만을 252까지 줄일 수 있었다.

하늘의 크기를 재다

인도나 바빌론과 마찬가지로 강 유역에서 문명이 시작된 중국도 고대부터 수학이 발달했다. 초창기 중국의 수학이 발전하는 데는 천문학의 역할이 컸다. 이는 다른 문명에서도 발견되는 공통점이다. 현존하는 중국 수학에 관한 문헌 중 가장 오래된 책은 《주비산경周髀算經》이다. 이야기의 배경은 BC 11세기의 고대 국가 주나라이지만 집필된 것은 BC 4세기의 춘추전국 시대에서 이후 후한 시대 사이로 본다. '주비'는 땅에 수직으로 세워 해의 그림자의 길이와 방향을 재는 천문 도구다. 《주비산경》을 보면 기하학의 기원이 천문학에 있음을 알 수 있다.

> 옛날에 주공이 상고에게 물었다. "나는 대부가 계산술에 숙달해 있다고 들었는데 옛 성인 복희가 어떻게 광대한 하늘을 잴 수 있었는지 알고 싶습니다. 하늘에 오를 사다리도 없고, 또 지구는 자로 재기에는 엄청 큰데, 어떻게 계산이 가능했습니까?" 상고가 대답했다. "계산하는 방법은 원과 정사각형에서 비롯됩니다. 원은 정사각형에서 얻어지고, 정사각형은 곡자에서 얻어집니다. 곡자는 계산술에서 생겨납니다. …… 하늘은 둥글고 땅은 네모나므로, 정사각형은 땅에 적합하고 원은 하늘에 적합합니다. 정사각형의 수가 기준이므로 원의 치수는 정사각형의 치수에서 얻어집니다. …… 따라서 땅을 이해하는 사람은 현자이며 하늘을 이해하는 사람은 성자입니다. 이 지혜는 직각삼각형의 밑변에서 오고 이 밑변은 직각에서 옵니다. 직각과 수의 결합은 만물을 이끌고 지배하는 존재입니다." 주공이 외쳤다. "참으로 훌륭한 말씀이구려!"

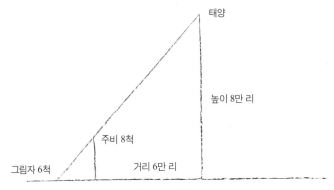

태양

높이 8만 리

주비 8척

그림자 6척   거리 6만 리

그림 1-6 《주비산경》에 나온 태양까지의 거리 계산.

《주비산경》에는 삼각형의 비례를 이용해 지구에서 태양까지 거리를 구하는 방법도 소개되어 있다. 땅에 수직으로 막대기를 세운다. 막대기의 길이는 8척▲이다. 태양이 막대기를 세운 지점 바로 위에 있을 때는 그림자가 생기지 않는다. 태양이 이동함에 따라 그림자가 생기는데, 1척 길이의 그림자가 생기면 지상에서의 거리로 태양이 1만 리▲▲를 이동했다는 규칙을 적용했다. 《주비산경》에는 수직 막대의 그림자 길이가 6척일 때 태양까지 거리를 환산했다. 이때 태양이 이동한 지상 거리는 6만 리가 되고 높이는 8만 리가 된다. 태양까지의 거리는 직각 삼각형의 빗변의 길이이므로 10만 리, 즉 5만 7600킬로미터가 된다. 이는 실제 지구와 태양 사이 거리 1억 5000만 킬로미터와는 상당한 차이가 있다.

▲ 1척은 손을 펼쳤을 때 엄지 끝에서 검지 끝까지의 길이다. 한나라 이전에는 18cm에 해당했을 것으로 추정한다. 당나라 때는 24.5cm까지 길어졌다고 한다.

▲▲ 1리는 360걸음에 해당하는 거리다. 고대 중국에서는 1리가 576m 정도에 해당했다.

2

수학과 철학이 만나다

유클리드의 《원론》

미국 뉴저지 주 프린스턴에 있는 고등과학원은 오늘날 수학의 메카라고 여겨진다. 알베르트 아인슈타인Albert Einstein(1879~1955)을 비롯해 쿠르트 괴델 Kurt Gödel(1906~1978)이나 존 폰 노이만John von Neumann(1903~1957) 같은 수학의 대가들이 있었던 곳이다. 오늘날도 필즈상을 수상한 수학의 거장들이 이곳에서 세계의 수학을 이끌고 있다. 1947년 이곳에 원자폭탄의 아버지라 불리는 로버트 오펜하이머Robert Oppenheimer(1904~1967)가 원장으로 부임한다. 오펜하이머는 고등과학원으로 여러 저명한 물리학자와 수학자를 초청하였다. 그중에는 한 중국인 수학자도 있었다. 1948년 일본이 2차 세계 대전에서 패한 직후 중국은 내전에 휩싸였다. 오펜하이머는 난징에 있는 그 수학자에게 다음과 같이 편지하였다. "당신을 미국으로 데려오는 데 우리가 할 수 있는 것이 있다면 무엇이든 알려주시오." 오펜하이머의 도움으로 이 수학자는 마침내 1948년의 마지막 날 상하이에서 배를 타고 미국을 향해 떠날 수 있었다. 그의 이름은 천싱선陳省身(1911~2004)이다.

기하학을 향한 머나먼 여정: 천성선

20세기의 가장 중요한 기하학자로 존경받는 천성선은 1911년 중국 저장성에서 청나라 법률관의 아들로 태어났다. 당시 중국은 서양 문물을 적극적으로 받아들이던 시기였다. 이런 영향으로 텐진에서 중등 과정의 학교를 다녔던 그는 당시 영국의 수학 책들로 공부할 수 있었다. 케임브리지 대학교의 수학자 헨리 홀Henry Hall과 새뮤얼 나이트Samuel Knight가 쓴 《고급 대수학》, 조지 웬트워스George Wentworth와 데이비드 스미스David Smith가 쓴 《기하학과 삼각법》 같은 책들이다.

열다섯 살에 텐진의 난카이 대학교에 입학한 천성선은 처음엔 물리학을 배울 생각이었으나 실험에 흥미를 느끼지 못했다. 그래서 본격적으로 수학을 공부하기 시작했다. 박사 학위를 가진 사람이 중국에 많지 않던 시절, 그는 하버드 대학교에서 기하학자 줄리언 쿨리지Julian Coolidge(1873~1954)에게 지도를 받은 지앙리푸 교수에게 많은 영향을 받는다. 특히 지앙리푸가 소개한 빌헬름 블라슈케Wilhelm Blaschke(1885~1962)의 책을 통해 곡선과 곡면의 이론에 대해 배울 수 있었다.

당시 중국에는 해외에서 공부를 하고 돌아온 교수들이 점점 늘어나고 있었다. 하지만 천성선은 단지 그들이 자신의 학위 논문 내용을 일반화시키는 정도의 수준을 학생에게 요구하는 것에 만족할 수 없었다. 집안 형편상 유학을 가기 힘들었던 그는 칭화 대학교 대학원 과정에 입학했다. 우수한 성적으로 졸업하게 되면 해외로 유학을 보내 주는 프로그램이 생겼기 때문이었다.

1932년 블라슈케가 베이징을 방문해 6회에 걸쳐 웹기하학이라는 주제로 연속 강연을 하게 된다. 이는 천성선이 블라슈케 지도하에서 공부하게 되는 계기가 되었다. 칭화 대학교의 해외 유학 프로그램은 미국의 대학에 가는 학생들만을 재정적으로 지원해 주는 것이었다. 하지만 기하학을 공부하고 싶은 천싱선에게는 유럽에서 공부하는 것이 더 좋은 선택이었다. 칭화 대학교 교수들의 도움으로 그는 블라슈케가 있는 독일의 함부르크 대학교로 유학을 떠난다.

빌헬름 블라슈케는 오스트리아 그라츠 출신으로, 아버지 요제프 블라슈케Josef Blaschke 역시 수학자였다. 구체적인 기하학 문제에 관심이 많은 요제프 블라슈케는 일반적인 수학 연구에 있어서도 기하학의 중요성을 강조했다. 예를 들면 그는 스위스의 수학자 야코프 슈타이너Jakob Steiner(1796~1863)▲가 해결한 등주isoperimetric 곡선에 대한 문제에 관심을 가졌다. 슈타이너는 둘레의 길이가 정해진 평면 폐곡선 가운데 곡선이 둘러싼 영역의 면적이 최대가 되는 곡선은 원임을 순수하게 기하학적인 아이디어만을 이용해 증명했다. 요제프 블라슈케의 기하학에 대한 취향은 아들에게도 큰 영향을 주었다.

1908년 비엔나 대학교에서 박사 학위를 받은 후 빌헬름 블라슈케는 이탈리아와 독일의 여러 대학을 방문하면서 수학적 관심사를 넓혔다. 라이프치히에 있을 때 편미분방정식이나 함수론에 관심을 갖게 되었고 이후 볼록 다양체의 등주성에 대해 연구했다. 1919년 신생 대학인 함부르크 대학교(1919년 3월 설립)에 정착한 후 수학과를 키우는 데 많은 노력을 기울였다.

▲ 가난한 농가에서 태어난 야코프 슈타이너는 거의 교육을 받지 못하다가 열여덟 살에 근대 교육의 개혁자 요한 페스탈로치Johann Pestalozzi를 만난 덕분에 학교에 들어가 수학에 대한 흥미를 가지게 되었고 1818년 하이델베르크 대학에 들어갔다. 1834년 훔볼트 형제(철학자 빌헬름 폰 훔볼트 Wilhelm von Humboldt와 근대 지리학의 창시자이자 박물학자 알렉산더 폰 훔볼트Alexander von Humboldt)와 수학자 카를 야코비의 추천으로 베를린 대학의 기하학 교수가 되었다.

여행을 좋아하고 국제적으로 다양한 수학자들과 사귀기를 좋아한 덕에 국제수학연맹에서도 중요한 역할을 했다.

1934년 천성선이 함부르크에 도착했을 때 블라슈케는 자리를 비울 때가 많았다. 대신 천성선은 독일 수학자 에리히 켈러Erich Kähler(1906~2000)의 세미나에 참석해 당대 최고의 기하학자 엘리 카르탕Élie Cartan(1869~1951)▲의 이론을 켈러가 발전시킨 것을 배우면서 학위 논문 주제를 정할 수 있었다. 세미나가 처음 시작될 때는 켈러의 명성으로 인해 강의실이 가득찼으나 한 학기가 지나고 마지막까지 남은 사람은 천성선뿐이었다. 그만큼 어려운 이론이었지만 켈러의 강의를 열심히 소화한 천성선은 세미나에서 배운 것을 통해 학위 논문을 완성할 수 있었다. 재정 지원을 받을 수 있는 3년 중 2년을 함부르크에서 보낸 그는 카르탕에게 배우기 위해 남은 1년을 파리에서 보내기로 했다.

군이 기하학을 만나다: 엘리 카르탕

20세기의 가장 위대한 기하학자라고 인정받는 엘리 카르탕은 1869년 프랑스 남부 그르노블 근처의 돌로미유에서 농부의 아들로 태어났다. 카르탕은 파리 고등사범학교에서 수학을 공부했다. 그에게 가장 큰 영향을 준 수학자는 현대 수학의 아버지라 불리는 앙리 푸앵카레Henri Poincaré(1854~1912)

▲ 엘리 카르탕의 아들인 앙리 카르탕Henri Cartan(1904~2008)도 대수적 위상수학에서 업적을 남긴 수학자다. 앙리 카르탕은 니콜라 부르바키Nicolas Bourbaki(현대 수학 책을 집필하던 수학자 모임이 사용한 단체명이자 필명)의 창립 회원이었으며, 소비에트 연방과 남아메리카의 반체제 수학자들을 돕는 데 기여했다. 이 공로로 뉴욕과학아카데미로부터 페이글스상을 수상했다.

다. 카르탕은 푸앵카레의 영향을 받지 않은 수학 분야는 단 하나도 없다고 말하기도 했다. 푸앵카레는 물리학자이자 천문학자이자 철학자이기도 한데, 아이작 뉴턴이나 프리드리히 가우스 같은 르네상스적인 수학자로는 마지막 인물이었다.▲

카르탕이 학생이던 시절 파리 수학자들의 관심사는 노르웨이의 수학자 마리우스 소푸스 리Marius Sophus Lie(1842~1899)▲▲의 업적이었다. 리는 미분방정식을 보전하는 연속적인 군(group, 群)에 대한 연구를 통해 미분방정식이 설명하는 현상에 나타나는 대칭을 이해할 수 있음을 보여 주었다.

예를 들어 탑 위에서 떨어뜨린 공의 자유 낙하를 생각해 보자. 탑의 높이를 안다면 자유 낙하하는 공이 언제 바닥에 떨어질지 알 수 있을까? 공의 운동을 기술할 수 있다면 이 질문에 답할 수 있다. 공의 속도는 바닥으로부터 공의 높이의 시간에 대한 순간 변화율로 정의된다. 수학에서는 이를 시간에 대한 공의 높이 함수의 미분이라고 부른다. 공의 속도는 시간이 지나면서 점점 증가하는데, 이는 중력이 공을 잡아당기기 때문이다. 수학적으로 말하자면 공의 낙하 속도의 시간에 대한 순간 변화율이 중력 가속도에 의해 결정된다는 뜻이다. 자유 낙하하는 공의 운동을 설명하는 방정식은 '가속도=중력 상수'라는 등식이다. 이를 수학에서 미분방정식이라 부른다.

이제 자유 낙하 현상을 관찰하는 사람의 위치에 대해서 생각해 보자.

▲ 2003년 러시아의 수학자 그리고리 페렐만Grigori Perelman(1966~)이 100년 된 푸앵카레의 추측을 풀어 세계 수학계를 놀라게 했다. 많은 사람들이 푸앵카레의 이름을 그때 처음으로 접했다.

▲▲ 크리스티아니아 대학(현 오슬로 대학)을 졸업 한 후 1872년 그 대학의 교수가 되었으며, 1869년 베를린에서 펠릭스 클라인을 만난 후 공동으로 연구하기도 했다. 1886년 클라인의 후임으로 라이프치히 대학에 자리 잡았다. 우울증과 향수에 시달린 그는 고향으로 돌아온 이듬해 56세의 나이에 악성 괴혈병으로 세상을 떠났다.

당신이 탑에서 조금 떨어진 거리에 있는 한 건물의 1층에서 자유 낙하를 기술하고 있다고 해 보자. 지금의 자리에서 운동을 기술하나 한 층 더 올라가 2층에서 같은 운동을 기술하나 운동을 기술하는 가속도=중력 상수라는 방정식에는 변화가 없다. 물론 좌표의 변화는 있다. 1층에 있을 때는 공이 최종적으로 도착하는 바닥과 같은 높이지만 2층으로 올라간다면 2층을 기준으로 했을 때 한 층 아래서 공은 멈출 것이다. 그러나 공이 바닥에 닿을 때까지 걸리는 시간에 대해서는 같은 답을 얻는다. 왜냐하면 공의 운동을 기술하는 방정식이 변하지 않기 때문이다. 관찰자의 위치가 수직 방향으로 어떻게 변하든 운동을 기술하는 미분방정식은 동일하다. 이때 관찰자의 위치 변화를 수직 방향의 평행 이동이라 부르는데, 이 평행 이동을 모아 놓으면 연속 변환군이 된다.

군은 프랑스의 수학자 에바리스트 갈루아Evariste Galois(1811~1832)▲가 5차 이상의 방정식에는 근의 공식이 없다는 것을 증명할 때 사용함으로써 주목을 받게 된 개념이다. 평행 이동이라는 것은 일종의 함수라고 볼 수 있는데, 같은 종류의 함수 두 개를 합성하면 다시 같은 종류의 함수를 얻는다. 1만큼 움직이는 평행 이동과 2만큼 움직이는 평행 이동을 합성하면 3만큼 움직이는 평행 이동을 얻는다. 한 방향으로의 평행 이동들을 다 모아 놓은 집합을 생각하면 이 집합의 임의의 두 원소는 합성에 대해서 닫혀 있다. 뿐

▲ 프랑스 혁명기에 당시 파리 시장의 아들로 태어난 천재 갈루아는 10대에 거의 모든 연구를 했다. 열여덟 살에 당시 프랑스 최고의 수학자 오귀스탱 루이 코시Augustin-Louis Cauchy에게 보낸 논문이 분실되고, 이후 푸리에에게 보낸 논문은 푸리에의 건강 악화로 논문 심사를 받지 못하는 등 불운이 잇따랐다. 공화주의자였던 아버지가 왕당파에 견디지 못하고 자살하자 그도 프랑스 혁명에 뛰어들었고 투옥되기도 했다. 스물두 살에 결투로 죽었다고 알려졌는데, 어떤 상황이었는지는 정확하지 않다. 결투 전날 밤 그는 그동안 연구했던 이론들을 정리해 친구에게 보냈고 훗날 이것이 출판되면서 천재로 인정받게 되었다.

만 아니라 항등원이라 하여 0만큼 움직인 평행 이동, 즉 자기 자신으로 가는 항등 함수도 이 집합의 원소다. 임의의 평행 이동과 이 항등원을 합성하면 다시 원래의 평행 이동이 된다. 또한 1만큼 움직이는 평행 이동과 −1만큼 움직이는 평행 이동을 합성하면 제자리로 돌아오는, 즉 항등원이 된다. 여기서 −1만큼 움직인 평행 이동을 1만큼 움직인 평행 이동의 역원이라고 한다. 평행 이동을 모아 놓은 것에 합성이라는 연산을 정의했고 그 합성이 위와 같은 성질을 만족할 때 이 집합과 연산을 함께 '군'이라고 부른다.

자유 낙하 물체의 관찰자 위치를 바꾼 수직 평행 이동의 변환군은 위아래로 무한 층을 가진 건물 위아래를 오르락내리락하는 것으로 이해한다면 구조적으로 정수의 집합과 같다. 정수의 집합은 불연속적인 군이다. 그러나 만약 무한히 위아래로 뻗어 있는 엘리베이터를 타고 오르락내리락하는 것처럼 관찰자의 위치를 변환할 수 있다면 이때의 수직 평행 이동 변환군은 군으로서 실수의 집합과 같다. 이는 연속적인 군이다. 연속적인 군의 좋은 점은 연속체를 연구할 때 사용하는 수학적 방법을 사용할 수 있다는 것이다. 가령 연속체 위에서 정의된 함수의 연속성이나 미분 가능성 같은 것을 말할 수 있다.

카르탕의 주요 업적은 리가 도입한 이른바 리군과 그 기하학적 응용에 대한 것이다. (7장에서 다시 설명하겠지만) 19세기에 이르게 되면 사람들은 여러 종류의 기하학이 가능하다는 것을 알게 되고 이들을 하나의 통일된 관점에서 기술하고자 한다. 독일의 수학자 펠릭스 클라인Felix Klein(1849~1925)은 리의 군에 대한 연구에 영향을 받아 각각의 기하는 기하학적 성질을 보전하는 군에 의해서 특성화할 수 있다는 관점을 제시했다. 클라인의 기하학에 대한 비전 이래로 군은 기하학 연구에 있어 중요한 도구가 되었다. 카르탕은 다양한 리군을 분류하는 체계적인 이론을 계발하고 발전시킨 수학자다.

또한 카르탕은 미분을 사용해 다양체의 기하학적 연구를 진행할 수 있는 방법을 발전시켰다. 다양체라는 것은 쉽게 말해 지구 모양과 같은 구 또는 도넛 형태의 곡면이다. 이들은 한 방향에서 보아서는 알 수 없고 여러 방향에서 본 모습을 종합해야 전체 모양을 판단할 수 있다. 이들은 연속체이기 때문에 그 위에 미분 가능한 함수의 개념 같은 것을 정의할 수 있다. 일단 미분법을 사용할 수 있으면 무언가 구체적인 계산을 할 수가 있다. 이는 기하학 연구를 훨씬 용이하게 한다.

가우스-보네 정리의 귀환

1936년 가을 천성선이 파리에 도착했을 당시 카르탕을 만나려는 학생들이 너무 많아 대부분 그와 이야기를 나눌 기회를 갖기가 쉽지 않았다. 그러나 두 달 후 카르탕은 천성선이 격주로 자신의 집을 방문하도록 배려해 주었다. 훗날 천성선은 카르탕과 함께하는 것은 굉장한 도전이었다고 회상했다. 보통 카르탕과 만난 직후에 그는 다음과 같은 편지를 받곤 했다. "자네가 돌아간 후 자네 질문에 대해 더 생각해 보았네……"라고 시작하는 문장과 함께 몇 가지 결과와 새로운 질문 등을 보내왔다. 카르탕은 리군과 리대수에 대한 모든 논문을 깊이 이해했다. 길에서 간혹 카르탕을 만나 무엇인가를 물어보면 그는 즉시 낡은 봉투 하나를 꺼내 무언가를 끄적거리고 얼른 답을 내놓고는 했다. 같은 문제를 푸는 데 천성선은 몇 시간 심지어 며칠이 걸리기까지 했다. 천성선은 파리에 머무는 1년 동안 기하학 논문 3편을 쓸 수 있었다.

1937년 천성선은 칭화 대학교의 수학 교수가 되어 중국으로 돌아왔지만 일본의 침략으로 중국 남부의 윈난성 쿤밍으로 피난을 가야 했다. 그는 세계의 수학 동향을 알기 어려워지자 카르탕에게 사정을 호소하는 편지를 보냈다. 카르탕은 자신의 최신 논문과 옛날 논문을 잔뜩 담은 상자를 그에게 보내 주었다. 전쟁 기간에도 천성선은 높은 수준의 결과를 발표할 수 있었고 점차 세계 수학계의 주목을 받게 되었다.

1943년 천성선은 미국의 프린스턴 고등과학연구원으로부터 초청을 받아 2년간 그곳을 방문하게 된다. 그곳에서 일반화된 가우스-보네Gauss-Bonnet 정리에 대한 증명을 발견하고 이로 인해 유명해진다. 가우스-보네 정리는 2차원 곡면의 곡률을 곡면 전체에서 적분하면 곡면의 오일러 지표를 얻을 수 있다는 정리다. 곡률이라는 것은 곡면이 휘어진 정도를 말해 준다. 평면은 곡률이 0이다. 구면은 양의 곡률을 갖는다. 도넛 모양의 곡면은 바깥쪽은 양의 곡률을 갖지만 안쪽은 음의 곡률을 갖는다. 오일러 지표는 곡면에 그린 임의의 그래프가 있을 때 그 그래프의 '꼭짓점 개수-모서리의 개수+면의 개수'로 정의된다. 구면 위에 그린 삼각형은 꼭짓점의 개수가 3개, 모서리의 개수가 3개, 면의 개수가 2개로 오일러 지표는 3-3+2=2가 된다. 도넛 모양의 곡면은 오일러 지표가 0이고 도넛 두 개를 붙여 만든 곡면은 오일러 지표가 -2가 된다. 도넛 모양의 곡면은 구면에 고리를 하나 붙인 것으로 이해할 수 있다. 구면에 고리를 하나씩 추가할 때마다 위상적 성질이 다른 곡면을 얻게 된다. 따라서 오일러 지표는 곡면의 위상적 성질에 대한 정보를 주는 양이라고 볼 수 있다. 가우스-보네 정리는 구면의 국소적인 기하학 정보를 구면 전체의 위상적인 성질과 연결시키는 놀라운 정리라고 볼 수 있다.

천성선이 프린스턴에 도착했을 때는 프랑스 수학자 앙드레 베유André Weil(1906~1998)▲와 미국 수학자 칼 B. 앨런도르퍼Carl B. Allendoerfer(1911~1974)

가 일반화된 가우스-보네 정리의 증명을 출판한 직후였다. 천싱선은 그 결과가 마음에 들지 않았다. 베유와 앨런도르퍼는 2차원 곡면에 대한 본래의 정리를 2차원 이상의 고차원으로 일반화하였지만 유클리드 공간 안에 있는 고차원의 다양체에 대해 증명을 하였던 것이다. 천싱선은 고차원 다양체가 반드시 유클리드 공간 안에 있어야 한다고 생각하지 않았다. 가우스-보네의 정리는 기하학적 대상 자체의 위상적 성질에 대해 말해 주는 것이기 때문에 기하학적 대상이 어떤 공간에 들어 있는가와 상관없이 가우스-보네 정리를 증명할 수 있어야 한다고 믿었다.

　보통 사람들은 2차원 구면을 연구할 때 3차원 유클리드 공간 안에 포함시켜서 생각한다. 이는 우리가 마치 지구 밖에서 우주선을 타고서 지구 주위를 선회하면서 지구의 기하학적인 성질에 대해서 공부하는 것과 같다. 그러나 우리가 지구 밖 우주 공간으로 나가지 않고 지구 위에 머물면서 지구라는 2차원 구면의 기하학적 성질을 이해할 수도 있다. 천싱선은 몇 가지 새로운 개념을 창안하면서 가우스-보네 정리의 내재적인 증명을 발견할 수 있었다. 놀라운 점은 그가 창안한 새로운 개념이 이후 여러 기하학 문제에서도 중요한 역할을 하는 아주 근본적인 개념이라는 것이다.

　프린스턴에서의 짧은 체류가 끝난 후 천싱선은 중국으로 다시 돌아갔다. 그러나 곧 중국 전역은 이내 내전에 휩싸이게 되었고 미국의 동료 학자들은 그의 안전을 걱정하게 되었다. 결국 로버트 오펜하이머의 노력으로 그는 미국으로 올 수 있게 되었다. 천싱선은 시카고 대학을 거쳐 캘리포니아

▲　철학자, 레지스탕스, 사회운동가로 유명한 시몬느 베유의 오빠다. 1994년 앤드루 와일스가 350년 된 유명한 문제 페르마의 마지막 정리를 증명했을 때 베유의 이름을 딴 시무라-타니야마-베유 예상을 해결함으로써 가능했다.

버클리 대학교에 정착하게 된다. 천성선은 문하에 41명의 박사를 배출하였고 그중에는 수학자의 영예인 필즈상을 수상한 제자도 있다.

기하학의 시작은 '피타고라스 정리'

천성선의 논문 〈기하학이란 무엇인가〉는 1990년 〈미국수학월보〉에 발표되었다. 8페이지의 짧은 논문은 2500년 기하학의 역사를 다음 여섯 가지로 정리한 것이다

1. 유클리드 기하학
2. 데카르트의 해석기하학
3. 군론과 기하학: 클라인의 에를랑겐 프로그램
4. 가우스와 리만: 미분 다양체의 기하학
5. 위상수학과 가우스-보네 정리
6. 카르탕과 올다발fiber bundle의 접속connection

그는 진정한 기하학의 시작이 '피타고라스 정리'라고 보았다. 더 정확히 말하자면 피타고라스 정리를 말하고 생각하는 방식이라고 보았다. 피타고라스 정리는 임의의 직각삼각형의 세 변 사이에 성립하는 일반적인 관계에 대해 말해 준다. 즉 임의의 직각삼각형의 빗변 길이의 제곱은 나머지 두 변의 각각 길이의 제곱의 합과 같다는 것이 정리의 내용이다.

이 정리는 일차적으로 삼각형의 내각과 변의 길이의 사이의 관계를 보여 준다는 점에서 흥미롭다. 더 중요한 점은 실질적 응용에 있어 직각을 구

현하는 방법을 제시한다는 것이다. 가령 사면으로 둘러싸인 직사각형 모양의 방을 만들었다고 하자. 이 방이 정말 직사각형인지 어떻게 확인할 수 있을까? 즉 각 모서리가 직각인지 어떻게 알 수 있을까? 방의 대각선 길이의 제곱이 방의 가로 길이의 제곱과 세로 길이의 제곱의 합과 같은지 비교해보면 된다. 고대 바빌로니아인들은 비록 피타고라스 정리를 알지는 못했지만 많은 직각삼각형이 그 관계식을 만족한다는 것을 알고 있었다. 실제로 그 지식 때문에 높은 건물이나 탑을 건축할 수 있었다. 피라미드의 높이를 결정하고 경사면의 길이를 결정했다면 바닥의 길이가 정확히 얼마여야 피라미드가 무너지지 않을지 알고 있었던 것이다.

바빌로니아인들이 실용적인 목적에 사용할 수 있는 기하학적 지식에 만족한 반면 고대 그리스인들은 기하학에서 실용적인 목적 이상을 추구하였다. 기하학을 그 자체로 흥미로운 대상으로 보기 시작한 최초의 사람은 피타고라스Pythagoras(BC 582?~BC 496?)다. 피타고라스는 BC 6세기 무렵 고대 그리스에서 철학이 본격적으로 발현하기 시작하던 시대에 살았다. 당시 그리스는 에게 해를 중심으로 남쪽으로 이집트, 동쪽으로 오늘날 터키에 해당하는 소아시아 지역과 활발하게 교류했다. 오늘날 터키 근처인 사모스 섬 출신의 피타고라스는 젊었을 때 이집트와 바빌론 전역을 여행하며 수학과 천문학을 배우고 여러 동방 종교에 심취했던 것 같다. 20여 년의 여행 후 이탈리아 남부 크로톤에 정착한 그는 절반은 정치적이고 절반은 종교적인 성격의 비밀스러운 공동체를 이루어 살았다. 구성원들은 채식을 해야 하는 등의 특이한 규율 외에도 지적 탐구 활동을 해야 했다. 자신들의 활동을 지칭하기 위해 필로소피아philosophia(지혜에 대한 사랑)와 마테마티아 mathematia(배워서 잘 이해하는 것)라는 말을 만들어 냈다. 오늘날 철학과 수학을 나타내는 philosophy와 mathematics의 기원이 여기에 있는 셈이다. 오늘날 피타고라스가 발견했다고 여겨지는 것들은 사실상 피타고라스 학파라 부를 수 있는 이 공동체의 결과물일 가능성이 높다.

피타고라스 학파는 '만물의 근본은 수'라는 믿음을 갖고 있었다. 각 수마다 특별한 의미를 부여했다. 1은 수의 근원, 2는 여성의 수, 3은 남성의 수, 4는 정의의 수, 5는 남성수와 여성수의 합이므로 결혼의 수, 6은 창조의 수다. 10은 완전수인데, 처음 네 수의 합이기 때문이다. 완전수에 대한 관념은 삼각수triangular number와도 관계가 있는데, 삼각수는 삼각형 모양으로 점을 모았을 때 점의 개수를 의미한다. 삼각수는 연속하는 수의 합으로 이해할 수 있다. 즉 1, 1+2=3, 1+2+3=6, 1+2+3+4=10 등이 삼각수에 해당한다. 마찬가지로 사각수square number를 생각할 수 있는데, 이를 통해 사각수는 연속하는 홀수의 합으로 볼 수 있다. 즉 1, 1+3=4, 1+3+5=9 등이 그와 같다. 사각수는 제곱수임을 알 수 있다. 그림으로 표현하면 그림

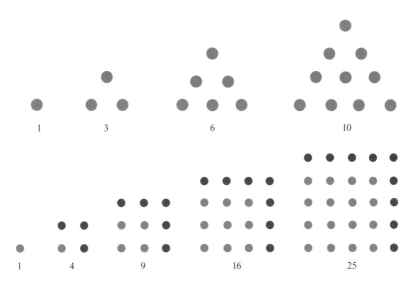

그림 2-1 삼각수와 사각수를 표현한 그림.

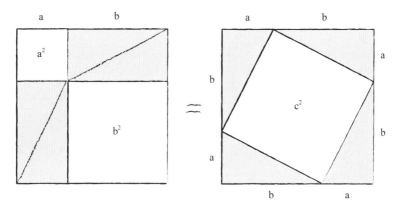

그림 2-2 재배열을 이용한 피타고라스 정리의 증명.

2-1과 같다.

　이와 같이 대수에 대한 기하학적 이해에 대한 선호가 피타고라스 학파로 하여금 가장 간단한 이항 전개인 $(a+b)^2 = a^2 + 2ab + b^2$을 기하학적으로 설명할 수 있게 했을 것이다.

　이러한 맥락에서 피타고라스 학파는 피타고라스 정리라고 알려진 것에 대한 최초의 증명을 얻었을 것이다. 한 변의 길이가 $a+b$인 정사각형이 있다. 이 정사각형은 그림 2-2와 같이 가로세로의 길이가 각각 a와 b인 직사각형 두 개와 길이가 a인 정사각형 하나, 길이가 b인 정사각형 하나로 분할할 수 있다. 여기서 가로세로의 길이가 a와 b인 직사각형은 대각선을 따라 두 개의 직각삼각형으로 분할할 수 있다. 이 직각삼각형의 빗변 길이를 c라고 하자. 이렇게 해서 얻은 네 개의 직각삼각형을 오른쪽 그림처럼 한 변의 길이가 $a+b$인 정사각형의 네 모서리에 맞도록 재배치할 수 있다. 두 그림은 같은 정사각형에 대한 서로 다른 분할이기 때문에, 첫 번째 분할에서 네 사각형의 면적 합과 두 번째 분할에서 삼각형 네 개와 가운데 정사각형의 면적 합은 같아야 한다. 이로부터 피타고라스 정리 $a^2+b^2=c^2$을 얻을 수 있다.

증명은 왜 필요한 것인가

피타고라스 학파의 발견은 특정한 직각삼각형을 다룬 것이 아니라 일반적인 직각삼각형을 다루었다는 점에서 이집트인이나 바빌로니아인이 수학을 대하는 방식과 달랐다. 피타고라스 학파의 증명은 흥미롭지만 이 증명에 불만을 가졌던 사람들이 적지 않았던 것 같다. 좋은 증명이란 자연스러운 증명이다. 피타고라스의 증명은 기발한 관찰에 근거하지만 이를 자연스러운 증명이라고 보기는 어렵다.

증명은 왜 필요한 것일까? 사람들은 수학에 대해 이렇게 말하곤 한다. 수학은 자명한 것을 증명하려는 시도이고, 우리는 그 증명을 열심히 따라가다가 그것이 쉽지 않다는 것만 기억할 뿐 처음에 무엇을 증명하려 했는지는 기억하지 못한다는 것이다. 사실 증명은 우리에게 낯선 것이 아니라 일상생활에서 경험하고 있다.

어떤 유명한 주교가 신문사로부터 편지를 받았다. 편지에는 주교의 생물학적인 아버지가 따로 있다는 내용이 담겼다. 주교는 지금의 아버지가 자신의 생부가 맞다는 것을 증명할 수 있을까? 유전자 검사를 하면 된다. 주교의 유전자와 아버지의 유전자를 비교하는 두 유전자가 일치하면 친자 관계가 맞는 것이고 신문사는 주교의 명예를 훼손한 것이다. 일상에서 증명이란 어떤 주장에 대한 근거다.

법정에서 벌어진 다음과 같은 이야기를 생각해 보자. 천수학 검사는 만기하 씨가 어린 아들을 돌보지 않은 것을 기소해 부양권을 박탈할 것을 주장한다. 억도형 판사는 천수학 검사의 논거를 들어 보기로 했다. 천수학 검사는 먼저 초등학교 1학년인 아들이 학교에 전혀 가지 않은 것을 문제로 삼았다. 만기하는 매일 아침 등교시켰지만 아들이 학교에 가지 않고 다른 곳에서 놀았다고 주장했다. 그러나 이 주장은 거짓임이 판명났다. 만기하가 세 들어 살고 있는 집 주인의 증언에 따르면 집세가 밀려 있어 그를 만나러 갈 때마다 낮 시간에 문을 열어준 것은 아들이었다고 한다. 담임 선생님의 증언도 이를 뒷받침했다. 학교에 나오지 않아 가정 방문을 했을 때 아이 혼자 집을 보고 있었다는 것이다. 그뿐만 아니라 아이는 가방도 노트도 필기구도 제대로 갖추고 있지 않았다. 즉 만기하는 아들을 학교에 보내려는 의지가 없다고 볼 수밖에 없었다. 천수학 검사의 두 번째 주장은 만기하가 아이에게 먹을 것도 제대로 주지 않았다는 것이다. 만기하는 집에 컵라면 한 상자를 사다 놓고 아이가 스스로 챙겨 먹도록 했다고 주장했다. 그러나 이것도 거짓으로 판명이 났다. 가스 요금과 전기 요금을 연체하기 일쑤여서 집에서 물을 끓일 수가 없었던 것이다. 천 검사는 가스 회사와 전기 회사로부터 만기하의 연체 사실을 확인할 수 있었다. 이뿐만 아니라 이웃들도 아이가 더운 물을 얻으러 자신의 집에 온 적이 없다고 증언했다. 결정적인 증언은 동네의 마트 주인에게서 나왔다. 그는 수차례에 걸쳐 아이가 마트에서 빵을 몰래 가져가는 것을 붙잡았다고 증언했다. 억도형 판사는 천수학 검사의 논거를 듣고 만기하의 부양권을 박탈하는 선고를 내렸다.

　이처럼 증명이라는 것은 어떤 주장에 대해 논리적으로 납득할 수 있는 설명을 제시하여 그 주장이 참이라는 것을 보여 주는 것이다. 수학은 특별한 경우가 아니라 일반적인 경우에 대해 참인 주장을 얻는 데 관심이 있다. 수학적 증명은 그 주장을 지지하는 많은 예를 찾아냄으로써 그 주장이 참임을 보이려고 하지 않는다. 왜냐하면 그 주장이 틀렸음을 보이기 위해서는 그 주장과 상반되는 예 한 가지만 찾으면 되기 때문이다. 따라서 수학적 증명은 오직 인간의 이성이 납득할 수 있는 논리만으로 구성된다.

수학은 증명 때문에 독특한 위치를 갖고 있다. 무엇이 진리다 아니다를 논하는 유일한 학문이기 때문이다. 만유인력의 법칙이 진리일까? 과학적 사실이라는 것은 어디까지나 그것을 반증하는 사례가 나오기 이전까지만 참으로 받아들여진다. 과학은 가설을 세우고 반복적인 실험을 통해 그 가설이 참이라는 것을 확인하고 그리하여 과학적 사실로 받아들인다. 이론적 뒷받침도 가능하겠지만 그것은 어디까지나 과학적 발견을 수학적 언어로 다시 표현한 일종의 모델일 뿐이다.

유클리드의 《원론》

BC 300년경 한 수학 교사가 학생들에게 피타고라스 정리가 왜 참일 수밖에 없는지에 대한 만족스러운 증명을 보여 주고 싶었다. 학생들은 약간의 직관과 초보적인 상식만을 갖고 있었다. 그들은 피타고라스 정리에 대해 익히 들어 알고 있었지만 그 정리가 정말 참인지에 대해 믿기 힘들었다. 어쩌면 이 학생들은 정치가가 되기 위해 수학을 배우고 있었는지도 모른다. 당시 뛰어난 정치가가 갖추어야 할 덕목은 상대를 설득하는 탁월한 논리력이었기 때문이다. 이 야심찬 교사가 하려고 했던 것은 학생들이 자명하다고 받아들이는 사실에서 출발해 동의할 수 있는 일련의 논증을 거쳐 자명해 보이지 않는 명제에 이를 수 있음을 보이는 것이었다. 이 교사의 이름은 역사상 가장 유명한 책 중 하나인 《원론》을 쓴 유클리드였다.

《원론》은 총 열세 권의 책으로 이루어져 있고 기하학과 수론의 정리에

그림 2 – 3 유클리드의 《원론》 일부(옥시린쿠스 파피루스).

대해 다룬다. 유클리드가 이 모든 정리를 발견한 것은 아니다. 그가 한 것은 그 이전 2세기 동안의 그리스 수학을 자신만의 방식으로 체계화한 것이다. 여기서 특별한 점은 알려진 지식들을 재구성하는 유클리드의 방식이다. 수학은 새로운 지식을 발견하는 것도 중요하지만 발견된 지식을 어떤 맥락에서 다른 지식과 어떻게 연관을 지을 수 있는가를 밝히는 것도 중요하다. 그것은 종종 수학의 발전 방향을 결정하고 새로운 지식을 낳게 할 뿐 아니라 지식에 대한 더 깊은 통찰로 우리를 인도한다.

《원론》 1권은 특별한 목적을 가지고 있다. 바로 피타고라스 정리를 증명하는 것이다. 《원론》 1권은 48개의 명제로 구성되어 있는데, 47번째 명제가 피타고라스 정리다. 피타고라스 정리에 대한 유클리드의 증명을 읽다 보면 어떻게 이것이 가능할까 하는 의문이 든다. 유클리드는 우리가 의문을 품게 되는 명제에 대한 증명을 《원론》 1권의 앞부분에서 이미 제시하였다. 가령 피타고라스 정리의 증명 중에 '주어진 선분을 한 변으로 갖는 정

알렉산드리아의 유클리드

유클리드에 대해 알려진 것은 거의 없다. 유클리드는 이집트 북부의 알렉산드리아의 도서관장이었다고 한다. 알렉산드리아는 알렉산더 대왕의 원정에 참여했던 한 장군이 알렉산더의 이상을 좇아 세운 도시라고 알려져 있다. 유클리드는 BC 3세기경에 학문의 중심지인 알렉산드리아에서 활동했다. 그곳에 학교를 세웠으며 학생들을 가르쳤다고 한다. 그는 플라톤의 아카데미에서 수학했거나 그곳 출신 스승들에게서 배운 것으로 추정된다.

당시 알렉산드리아의 왕이었던 프톨레마이오스 1세(BC 367?~BC 283)가 《원론》을 읽는 것보다 더 간단하게 기하학을 배울 방법이 있는지 묻자 유클리드는 "기하학에는 왕을 위해 준비된 특별한 길(왕도)이 없답니다"라는 유명한 대답을 했다고 한다. 그가 《원론》을 쓴 최초의 인물은 아니다. BC 430년경 키오스의 수학자 히포크라테스Hippocrates(BC 470~BC 410)가 최초의 《원론》을 썼고 직후에 네오클레이데스Neocleides의 제자이며 플라톤의 아카데미에서 공부한 레온Leon이 또 다른 《원론》을 썼으나 두 권 다 전해지지 않는다.

사각형을 작도할 수 있다'라는 사실을 사용하는데, 이는 이미 앞부분에서 증명이 되어 있다. 그 증명을 찾아서 살펴보면 증명 가운데 '주어진 선분에 수직인 직선을 작도할 수 있다'는 자명하지 않은 또 하나의 주장을 사용하고 있다. 유클리드는 이 주장에 대해서도 《원론》 1권의 앞부분에 이미 증명을 하였다. 이런 식으로 꼬리에 꼬리를 물고 점점 책의 앞부분으로 가다 보면 가장 간단한 사실에서 출발하게 되는 것을 볼 수 있다. 이것은 자연스러운 것이다. 이제 이 시점에서 한 가지 의문이 들게 된다. 어디선가 시작해야 한다면 무엇을 그 시작점으로 선택해야 할 것인가? 아마 누구에게 설명을 하더라도 동의할 수 있는 가장 자명한 것에서부터 시작하는 것이 바람직할 것이다.

크기가 없는 야구공

피타고라스 정리는 직각삼각형에 대한 정리다. 그렇다면 삼각형이 무엇인지 먼저 정의해야 할 것이다. 만약 사람들마다 삼각형에 대해 다른 정의를 갖고 있다면 우리는 소통에 어려움을 느낄 것이다. 따라서 이야기를 듣는 사람들이 어느 정도 수긍할 수 있도록 '삼각형은 무엇이다'라고 선언하고 시작하는 것이 소통의 혼란을 줄일 수 있는 방법이다.

삼각형은 서로 다른 세 점을 직선으로 연결한 것이다. 그것이 우리가 일반적으로 갖고 있는 관념이다. 점은 무엇이라고 정의해야 할까? 또한 직선은 무엇이라고 정의해야 할까? 유클리드는 《원론》 1권을 기본적인 기하학적 대상들에 대한 정의로 시작한다. 첫 번째 정의는 점에 관한 것이다.

정의 1. 점은 부분을 갖지 않는다.

유클리드의 점에 대한 정의를 보면 '점은 무엇이다'라고 정의했다기보다는 점의 속성을 기술한 것 같다. 부분을 갖지 않는다는 것은 무슨 뜻일까? 크기를 갖지 않는다고 해석할 수 있다. 만약 점이 크기를 갖는다면 그 크기가 무엇이냐고 물을 수밖에 없다. 동시에 그 크기보다 작은 것은 점이 아니게 된다. 수학적인 점이란 이상적인 점이다. 책상 위에 야구공이 하나 있다고 하자. 야구공은 크기를 가지고 있다. 그러나 책상으로부터 점점 멀어지면 야구공의 크기는 점점 작아진다. 계속해서 멀어질수록 그 크기는 아주 작아져 나중에는 정말 작은 점으로 보일 것이다. 점의 크기와 거리와의 상관관계나 어느 정도일 때까지 야구공이 보일까 하는 질문은 우리의 시력에 관계된 물리적인 문제다. 수학적인 점은 이상적인 점이고 물리적인 조건과 상관없어야 한다. 그렇다면 유클리드는 점이란 우리의 관념 속에 존재하는 어떤 것이고, 우리가 점이라는 관념을 가지도록 인도하는 다양한 물리적인 상황을 일반화하고 추상화한 것임을 말한다.

유클리드는 직선을 어떻게 정의했을까? 두 번째 정의를 보자.

정의 2. 선(곡선 또는 직선)은 두께가 없는 길이다.

유클리드는 먼저 곡선과 직선을 아울러 정의한다. 흥미로운 것은 '두께'와 '길이'라는 용어를 사용한다는 점이다. 그는 《원론》 어디에서도 두께와 길이의 의미에 대해 설명하고 있지 않다. 그는 독자들이 직관적으로 이런 표현들의 의미를 이해하고 있다고 가정하는 것이다. 두께가 없다는 것은 오늘날의 표현을 빌리자면 선이 1차원적인 대상이라는 의미일 것이다.

길이는 더 의문스러운 용어다.

고대 이집트인들은 삼각형이나 사각형의 변의 길이를 일정한 간격으로 매듭이 지어진 끈을 이용하여 쟀다. 길이라는 것은 실용적인 개념이다. 길이를 다룰 줄 몰랐다면 고대인들은 피라미드 같은 건축물을 세우지 못했을 것이다. 그렇다면 수학적으로 길이의 의미는 무엇인가? 그리스의 기하학은 자와 컴퍼스만을 사용하는 기하학이었다. 여기서 컴퍼스는 정해진 길이를 그대로 옮기는 역할을 했다. 자와 컴퍼스를 사용해 주어진 길이를 두 배가 되게 하거나 절반이 되게 할 수 있었다. 정의 2에 등장하는 길이라는 용어는 사람들 사이에 암묵적으로 이해하고 있다고 받아들여진 것이다.

무엇인가를 정의하고자 한다면, 정의하는 데 사용되는 술어는 우리가 이미 알고 있는 것이어야 한다. 그렇지 않다면 그 술어에 사용되는 용어를 정의해야 한다. 실제로 그렇게 한다고 해도 그 용어를 정의할 때 다시 알고 있는 술어를 사용해야 한다. 이와 같은 과정을 계속 반복한다면, 어떤 시점에서는 모두가 의미를 알고 있고 이해한다고 동의하는 일종의 '무정의 용어'를 가지고 시작해야 한다. 점, 선, 직선은 일종의 '무정의 용어'인 셈이다.

참이라고 믿는 것에서 시작하다

학생들에게 직각삼각형에 대한 피타고라스 정리가 왜 참인지에 대한 만족스러운 설명을 주기 위해 유클리드는 일단 무엇을 점이라고 하고 무엇을 직선이라고 할지, 무엇을 각이라고 할지를 정의했다. 결국 그의 목표는 어떤 진술이 참임을 주장하려는 것이다. 그러자면 논의의 출발점이 있어야 한다. 학생들이 보기에 자명한 진술에서 시작해야 한다. 우리는 이것을 '공리公理'라고 부른다. 유클리드가 제시하는 대표적인 공리들은 다음과 같다.

> 공리 1. 임의의 두 점을 연결하는 직선을 그릴 수 있다.
> 공리 2. 주어진 선분을 계속하여 연장할 수 있다.
> 공리 3. 주어진 중심과 반경을 가진 원을 작도할 수 있다.

이 자명해 보이는 출발점들은 사실상 증명이 불가능하다. 그렇지만 참이라고 믿는 데 어려움은 없다. 유클리드의 공리는 우리가 어떤 공간에서 기하학을 하고 있는지 말해 준다. 우리가 생각하는 공간은 무한히 펼쳐진 모든 부분이 균질한 평면이다. 우리가 조금 다른 평면에서 기하학을 한다면 공리들이 자명하지 않다는 것을 금방 발견하게 된다.

가령 가운데 적당한 크기의 구멍이 하나 있는 평면을 생각해 보자. 만약 구멍을 사이에 두고 구멍 가까이에 있는 두 점을 취했다고 하자. 두 점을 직선으로 연결하는 것은 불가능하다. 구멍이 있는 평면은 공리 1이 성립하지 않는 평면인 것이다. 이 평면에서는 공리 2도 성립하지 않는다. 선분의 한끝이 구멍 가까이에 있다면 구멍이 있는 방향으로 선분을 연장할 수 없다. 공리 3도 성립하지 않는다. 중심이 구멍 가까이에 있다면 어떤 반경에 대해서는 원을 그릴 수가 없다.

유클리드가 제시한 공리 중에는 역사적으로 유명한 논란이 된 평행선 공리가 있다.

> 공리 5. 한 직선이 두 직선과 만나서 생기는 한 쪽의 내각의 합이 두 직각보다 작으면 이 방향으로 두 직선을 계속 연장했을 때 두 직선은 만난다.

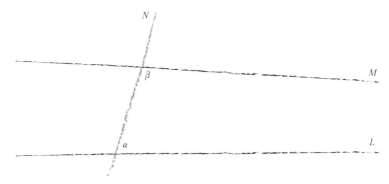

그림 2-4 평행선 공리.

공리 5를 좀 더 쉬운 말로 풀어 본다면 다음과 같다. 그림 2-4와 같이 직선 L과 M이 있다. 직선 L과 M과 모두 만나는 직선 N이 있어서 그때 생기는 같은 편의 내각을 α, β라 하자. (여기서 직선 N을 보통 '횡단선'이라 부른다.) 만약 $\alpha+\beta\langle$180도이면 직선 L과 M을 이 방향으로 계속 연장하면 두 직선은 만나게 된다는 공리다.

공리 5가 역사적으로 논란이 되었던 이유는 공리라기보다는 정리처럼 보였기 때문이다. 공리는 진술이 단순 명료하여 대부분 사람들이 의심 없이 참이라고 받아들일 수 있어야 한다. 그러나 공리 5는 증명이 필요해 보이는 진술처럼 들린다. 실제로 수학사를 보면 많은 사람들이 다른 공리들에 기초해서 공리 5를 증명하려고 애썼다. 그러나 아무도 성공한 사람은 없었다. 실제로 평행선 공리만큼이나 자명하지 않은 다른 공리를 가정해야만 평행선 공리를 증명할 수 있었다. 유클리드는 왜 공리 5를 정리처럼 보이도록 복잡하게 진술했을까? 공리라면 다른 공리들이 보여 주는 것처럼 단순한 진술로 표현되어야 하지 않을까? 유클리드는 왜 평행선 공리를 가령 "두 내부 각이 두 직각이면 두 직선은 만나지 않는다"라고 표현하지 않았을까? 이 서술법을 택한다면 문제가 하나 있다. 두 직선이 만나지 않는다는 것을 어떻게 확인할 수 있는가? 아무리 연장을 해도 교점이 생기지 않는다는 것은 무한의 개념을 포함하고 있다. 유클리드가 이 서술법을 사용하지 않은 이유는 무한의 개념을 피하고 싶었기 때문일 것이다. 공리 5와 관련된 이야기는 8장에서 상세히 이야기하고자 한다.

자와 컴퍼스만을 사용하라

실제로 유클리드가 명제를 증명하는 방식은 어떤 것인지 《원론》 1권의 명제 1을 통해서 살펴보자.

> 명제 1. 주어진 선분 위에 정삼각형을 작도할 수 있다.

주어진 길이를 갖는 정삼각형을 자와 컴퍼스만을 사용하여 작도할 수 있다는 명제다. 원론에 주어진 증명은 다음과 같다(그림 2-5 참조).

1. 선분 AB가 주어져 있다. 선분 AB 위에서 정삼각형을 작도하고자 한다.
2. A를 중심으로 하고 AB를 반경으로 하는 원 BCD를 작도한다.
3. B를 중심으로 하고 BA를 반경으로 하는 원 ACE를 작도한다.
4. 두 원의 교점 C와 점 A를 선분 CA로 연결하고 점 B를 선분 CB로 연결한다.
5. C와 B는 중심이 A인 같은 원 위에 있으므로 AC = AB. A와 C는 중심이 B인 같은 원 위에 있으므로 BC = BA.
6. 공리 6(동일한 것과 같은 것들은 서로 같다)에 의해서 AC = BC. 세 선분

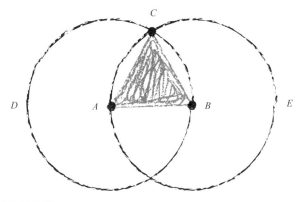

그림 2-5 정삼각형의 작도.

AC, AB, BC는 서로 같다.

7. 삼각형 ABC는 (주어진 선분 AB의 길이를 갖는) 정삼각형이다.

유클리드의 증명은 주어진 길이를 한 변으로 갖는 정삼각형을 자와 컴퍼스만을 이용하여 작도하는 법을 제시한 것이다. 우리가 원하는 정삼각형을 작도했다고 주장할 수 있는 이유는 무엇인가? 첫째, 주어진 점을 중심으로 하고 주어진 길이를 반지름으로 하는 원을 제한 없이 작도할 수 있기 때문이다. 둘째, 주어진 두 점을 연결하는 직선을 작도할 수 있기 때문이다. 원이 갖는 수학적 특징을 잘 활용한 증명법이다.

모든 것이 자명한가

상당히 깐깐한 독자라면 유클리드의 증명에 뭔가 석연치 않은 것이 있다는 것을 발견할 것이다. 증명의 네 번째 단계에서 두 원의 교점 C가 존재한다는 서술이다. 실제로 컴퍼스를 가지고 작도하면 두 원이 만나지 않는가 라고 주장하고 싶겠지만 작도로 보여 주었다고 해서 수학적 증명이 되는 것은 아니다. 그림은 증명을 이해하거나 설명하는 보조적인 역할을 할 수는 있지만 그림 자체가 증명의 근거가 될 수는 없다. 증명은 오직 주어진 정의와 공리와 허용되는 논리만으로 구성되어야 하는 것이다.

그림은 증명이 될 수 없음을 다음 예를 통해 생각해 보자. 만약 원이 구슬로 이루어진 목걸이와 같다고 하면 구슬과 구슬 사이의 빈 공간에서 만난다면 교점은 어느 원의 부분도 아니다. 좌표 평면에 대한 지식이 있는 독자라면 이렇게 설명할 수 있을 것이다.

점 $(0, 0)$을 A라 하고 점 $(1, 0)$을 B라 하자. 우리의 원을 유리수 좌표만을 가지는 점들로 이루어진 원이라고 하자. 점 A를 중심으로 하고 반지름 AB인 원을 생각하자. 점 B를 중심으로 반지름 BA인 원을 생각하자. 이때 우리의 원은 좌표가 유리수인 점들만을 허용한다. 좌표 평면에서 두 원이 만나는 점은 $\left(\dfrac{1}{2}, \dfrac{\sqrt{3}}{2} \right)$이다. 그런데 이 점은 두 번째 좌표가 유리수가 아니므로 두 원의 원소가 아니다. 즉 이 경우 두 원은 교점이 없다.

명제 1의 증명의 네 번째 단계를 정당화하기 위해서는 추가적인 가정이 필요하다. 위의 반례를 피하기 위해서는 원을 이루는 곡선에 빈 공간이 없다고 가정해야 한다. 이를 표현하는 공리를 '연속성 공리'라고 한다.

연속성 공리

(1) 주어진 하나의 원에 대해서 원 위에 있지 않은 평면상의 점들은 원 내부라고 불리는 영역에 있거나 원 외부라고 불리는 영역에 있다.

(2) 원 외부의 점과 원 내부의 점을 연결하는 임의의 선(곡선 또는 직선)은 원과 만난다.

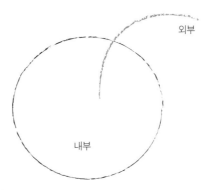

외부

내부

그림 2-6 연속성 공리.

　미적분학을 아는 독자라면 이 문제가 미적분학의 대표적인 정리 중 하나인 '중간값의 정리'와 관계가 있다는 것을 눈치챌 것이다.

중간값의 정리
실수의 구간 [0, 1]에서 정의된 연속함수 f가 $f(0) < 0$이고 $f(1) > 0$이면 f의 함수값이 0이 되는 점이 구간 [0, 1]에 적어도 하나는 있다.

　기하학적으로 설명하자면 x축 아래의 점과 x축 위의 점을 포함하는 연속 함수의 그래프는 x축과 반드시 만난다는 정리다. 중간값의 정리가 성립하는 근거로 실수의 완비성completeness을 들 수 있다. 실수의 완비성은 실수의 집합에 빈 공간이 없다는 것이다.

유클리드 공리계를 완성한 힐베르트

위에서 몇 가지 경우를 살펴보았지만 유클리드의 공리계는 완전한 공리계가 아니다. 유클리드는《원론》의 명제들을 증명하는 가운데 자명하지 않은 가정들 또는 처음의 공리계에 명시되어 있지 않은 진술들을 사용하였다. 후대의 수학자들이 이를 인식하고 산발적으로 언급하였으나 본격적으로 연구한 사람은 독일의 수학자 모리츠 파슈Moritz Pasch(1843~1930)다. 그의 연구는 1882년《중립 기하에 대한 강의Vorlesungen über neuere Geometrie》로 출간되었다. 이후 파슈의 연구에 기초해 엄밀한 유클리드 공리계를 완성한 수학자는 다비트 힐베르트다. 1899년에 출간된 그의 저서《기하학의 기초 Grundlagen der Geometrie》는 현대에 들어 공리적인 수학의 접근을 보여 주는 모범으로 여겨진다.

힐베르트는 1898~1899년 겨울 학기에 괴팅겐 대학교에서 기하학 원론을 강의하였는데,《기하학의 기초》는 이 강의를 토대로 쓴 책이다. 당시는 비유클리드 기하학의 발견 이후 유클리드의 공리가 절대적이지 않고 다른 공리로 대체함으로써 얼마든지 다른 기하학이 가능하다는 것이 수학계에서 일반적으로 받아들여진 직후였다. 그러한 영향 아래 몇몇 수학자들은 유클리드 기하학의 체계 안에 있는 불분명한 가정들을 제거하여 명확한 공리 체계로 재구성하려고 시도했다. 그들은 궁극적으로 기하학을 순수한 논리의 체계로 구성하려는 목표를 갖고 있었다. 이탈리아의 수학자 주세페 페아노Giuseppe Peano(1858~1932)와 같은 수학자는 기호논리학의 기호를 써서 기하학을 완전히 추상적인 것으로 바꾸어 놓았다. 힐베르트는 이들과 다르게 접근했는데, 유클리드의 점, 직선, 평면 등은 물론 결합, 순서, 각, 도형의 합동과 같은 용어를 그대로 사용해 고전 범위 안에서 현대적 관점을 분명히 나타내려는 시도를 했다.

힐베르트의 《기하학의 기초》는 다음 글로 시작한다.

> 산수와 마찬가지로 기하학은 논리적 전개를 위해 몇 가지 단순한 원리만
> 을 필요로 한다. 이 원리들은 기하학의 공리라 불린다. 공리의 정립과 이들
> 사이의 관계를 밝히는 것은 유클리드 이래로 주요한 수학 문제였다. 이 문
> 제는 공간에 대한 우리의 이해를 논리적으로 분석하는 것과 동일한 문제
> 다. 이 책은 기하학에 대해 완전하고 아주 단순한 공리계를 세우고 이로부
> 터 가장 중요한 기하학의 정리들을 이끌어 냄으로써 다양한 공리들의 의미
> 와 개별 공리로부터 이끌어 낼 수 있는 결론의 중요성을 밝히기 위한 새로
> 운 시도다.

힐베르트가 의도하는 바는 점, 직선, 평면 등에 관한 유클리드의 정의
는 수학적으로 하나도 중요하지 않으며 이것들은 오히려 선택된 공리와 연
관시켰을 때 비로소 그 뜻이 명백해짐을 강조하는 것이다. 그에 따르면 점,
직선, 평면은 주어진 공리에 나타나 있는 관계를 만족하는 대상에 지나지
않으므로 그것들을 점, 직선, 평면 대신에 탁자, 의자, 맥주잔이라 불러도
상관이 없다고 볼 수 있다. 이는 마치 미지의 단어가 여러 가지 문맥에 나타
남에 따라 그 뜻이 점점 분명해지는 것과 같다.

힐베르트와 같은 기하학에 관한 입장을 수리철학에서는 형식주의라
부른다. 형식주의란 수학적 진술을 궁극적으로 미리 설정해 놓은 일단의
규칙들에서 도출된 결과로 보는 입장이다. 공리는 시작을 위한 가정이고
추론의 규칙은 조작을 위한 규칙이다. 형식주의자가 볼 때 수학은 무엇에
관한 것이 아니라 단지 기호와 추론의 규칙이다. 힐베르트는 이런 관점을

현대 수학을 이끈 다비트 힐베르트

힐베르트의 《기하학의 기초》는 임마누엘 칸트의 《순수 이성 비판》에서 "모든 인간의 지식은 직관으로 시작하여 개념으로 발전하고 하나의 사상으로 완성된다"를 인용하는 것으로 시작한다. 칸트와 동향이었던 힐베르트는 19세기 말 20세기 초 수학계의 지도자 앙리 푸앵카레와 더불어 현대 수학의 두 기둥으로 불린다. 그는 불변식론, 정수론, 기하학의 기초, 수학 기초론, 적분방정식, 물리학 등 다양한 분야에 중요한 업적을 남겼다. 1900년 파리의 세계수학자대회에서 그가 제시한 23개의 수학 문제는 이후 수학 연구 방향에 중요한 영향을 미쳤다. 힐베르트는 생애 대부분을 괴팅겐 대학교에서 수학을 가르쳤다. 괴팅겐 대학교는 19세기 최고의 수학자 가우스가 다녔고 훗날 교수가 되어 학문적 업적을 쌓아 주목을 받기도 했다. 가우스 이후 괴팅겐 대학교는 펠릭스 클라인 때 이미 세계적인 수학의 중심지가 되었고 클라인에 이어 힐베르트의 지도로 20세기 전반기의 수학을 이끌었다.

수학 전반으로 확대하는 프로그램을 제시했다. 각각의 수학 분야들을 몇 가지 공리 체계와 추론의 규칙들로 이루어진 체계와 동일시할 수 있다는 프로그램이다. 그러나 1931년 독일의 논리학자 쿠르트 괴델은 어느 정도의 기본 산수를 할 수 있는 임의의 형식적 체계가 있다면 이 체계 안에서 결정할 수 없는 산술에 관한 진술들이 반드시 있다는 것을 증명했다. 이로써 힐베르트가 추구하는 프로그램은 가능하지 않다고 판명이 났다.

오늘날 우리가 수학이라 부르는 형태의 학문, 즉 추상적인 수학적 대상에 대한 진술된 명제를 연역적인 방법으로 증명하는 것을 주요한 특징으로 하는 학문이 어떻게 고대 그리스에서 시작될 수 있었을까? 바빌론과 이집트는 이미 고도로 발달된 수학 지식을 갖고 있었다. 하지만 수학을 하는 방식과 성격은 그리스인들과 근본적으로 다르다. 고대 그리스는 수학뿐 아니라 철학, 미술, 건축, 문학 등 서양 문명의 상당 부분이 시작된 곳이다. 그리스 수학의 특징은 이들 문명 전체가 갖는 특성 안에서 봐야 한다.

고대 그리스 수학 연구의 권위자인 토머스 히스Thomas Heath는 그리스인들이 뛰어난 학문 세계를 가질 수 있었던 요인으로 모험심, 정확한 관찰력, 사고력을 꼽았다. 호메로스Homeros의《오디세이Odyssey》에 나오는 오디세우스는 끝없는 호기심을 가졌다. 새로운 곳에 도착할 때마다 그곳의 사람과 문명을 알고 싶어 한 그는 때로는 무모한 모험을 감행한다. 오디세우스는 어찌 보면 호기심 많고 모험을 좋아하는 그리스인들의 자화상인지도 모른다.

피타고라스는 일생의 많은 시간을 새로운 지식을 찾아 여러 곳을 여행한 대표적인 사람이다. 3세기 시리아 철학자 이암블리쿠스Iamblichus(245~325)의《피타고라스의 생애》를 보면 그러한 이력이 서술되어 있다. 피타고라스는 먼저 탈레스에게 배우기 위해 그를 찾아간다. 그러나 가르치기에는 이미 노쇠한 탈레스는 피타고라스에게 이집트의 사제들을 찾아가 보도록 권한다. 이집트로 가던 도중 시돈에 들른 피타고라스는 거기서 자연철학자 모쿠스의 후학들과 페니키아 주술사들과 교류하면서 비블루스, 두로, 시리아 등지에서 행하던 여러 종교적 의식들을 접한다. 피타고라스의 관심은 새로운 지식에 있었고 거기에서도 충족되지 않자 이들 의식이 시작된 이집트로 간다. 거기서 피타고라스는 22년 동안 천문학과 기하학을 비롯해 산술과 음악 등 각종 지식을 공부한다.

그리스인이 지닌 사고력의 특징은 그들의 기질에서 볼 수 있다. 그들은 사실을 아는 것으로 만족하지 않았다. 왜, 무엇 때문에 그렇게 되는지 알고 싶어 했다. 현상에 대해 이성적이고 납득할 만한 설명을 찾을 때까지 탐구를 쉬지 않았다.

다른 한편으로 그리스 수학이 가진 특징의 기원은 그리스인들의 철학에 대한 성향에서 짐작할 수 있다. 탈레스와 그의 제자 아낙시만드로스Anaximandros, 아낙시메네스Anaximenes로 이루어진 이오니아 학파(또는 밀레투스 학파)의 철학적 관심으로부터 우리는 고대 그리스의 철학적 특징을 발견할 수 있다. 그들은 우주의 문제에 대한 마법적이거나 주술적인 설명을 거부하고 오직 이성만을 사용해 본질적인 문제에 답하고자 했다. 그들은 세상이 변화무쌍하고 무질서해 보이지만, 이들 너머에 영원하고 변하지 않으며 통일된 무엇인가가 숨겨져 있다고 생각했다. 감각으로 이것을 아는 것은 불가능하며 오직 정신을 활용해야만 파악이 가능하다고 믿었다.

이러한 사고와 태도는 기하학을 대하는 입장에서 그리스인이 보여 준 이집트인이나 바빌로니아인과 차이를 설명해 준다. 이집트인이나 바빌로니아인들은 공통적인 성질을 보여 주는 기하학적 현상에 대한 분류되고 축적된 지식을 가지고 있었다. 하지만 그리스인은 그러한 공통 현상의 밑바닥에 있는 이유를 탐구하였다. 바빌로니아인은 다양한 비율을 갖는 직각삼각형에 대한 지식이 있었고 세 변 사이에 우리가 오늘날 피타고라스 정리라고 부르는 관계식이 성립하는 것을 알았지만 그 이상 탐구하지 않았다. 그러나 그리스인들은 구체적인 직각삼각형의 사례보다 일반적인 직각삼각형이라는 관념에 매혹을 느꼈고 과연 추상적인 임의의 직각삼각형의 각 변의 제곱을 만족하는 피타고라스 정리의 관계가 왜 성립하는지 그 관계 너머에 있는 비밀이 무엇인지에 대해 강한 호기심을 느꼈다. 이는 피타고라스와 그의 학파가 보여 준 수에 대한 신비주의적 태도와도 일맥상통한다고 볼 수 있다.

3

피타고라스와 고딕 성당

파리 근교의 작은 마을 생드니에 자리 잡은 생드니 대성당은 프랑스의 수호 성인 생드니Saint Denis의 유적이 보전되어 있는 프랑스의 영적 보고다. 5세기에 세워진 이곳은 왕실의 성당으로 기능과 의무를 충실히 수행해 왔다. 그러다가 12세기에 문화사적으로 중요한 일이 일어난다. 이 무렵 카페 왕조(987~1498)는 일드프랑스 지역에서 혼란스럽고 취약한 왕권을 유지하느라 오랫동안 애를 먹고 있었다.

1108년 필립 1세의 아들이요 뚱보왕이라는 별명을 지녔던 루이 6세 역시 선조들과 같은 처지에서 왕위를 계승했다. 당시는 교황의 주교 임명권에 대해 교회와 신성로마제국이 힘겨루기를 하던 시절이었다. 교황을 지지하던 프랑스와 달리 신성로마제국은 교황과 갈등의 골이 깊었다. 이는 결국 프랑스와의 갈등으로 이어졌다. 침공의 위기에 놓인 루이 6세는 수호 성인 생드니가 프랑스를 지켜 주길 간절히 빌었다. 이를 생드니 수도원의 수도원장 쉬제Suger가 도왔다. 위기의 해였던 1124년, 기적처럼 신성로마제국의 하인리히 5세 황제가 프랑스의 연합군을 보고 후퇴한다.

자신의 왕권을 지켜 준 하느님께 헌신하기로 결심한 루이 6세의 전폭적인 후원에 힘입어 쉬제는 수세기 동안 낙후되어 있던 생드니 성당을 재건축하기로 한다. 생드니 성당에는 여러 순교자들의 유품과 역대 왕조의 귀한 유물이 전시되어 있었고 이 전시품들을 1년에 한 번씩 공개하곤 했다. 그때마다 수많은 인파가 몰렸고, 작고 낙후된 성당은 미어터지기 일쑤였다.

쉬제가 보기에 생드니 성당은 이곳이 지닌 위상과 걸맞지 않았다. 그는 사람들이 성당에 들어왔을 때 천국으로 들어가는 입구에 서 있는 듯한 경험을 하도록 만들고 싶었다. 그는 고향 노르망디에서 보았던, 빛이 들어오지 않는 데다 낮은 천장으로 인해 내부가 답답한 성당들과는 다른 공간을 만들고자 했다.

이윽고 1144년 6월 성당의 재건축이 끝나고 봉헌식에 참석한 왕과 영주들 그리고 주교들은 성당의 서쪽 주 입구 위에 자리 잡은 원형의 로즈 윈도Rose Windows의 우아함과 위용에 압도되었다. 그들은 성당 내부의 높이 솟은 천장과 벽면의 긴 아치 형태의 창으로 쏟아지는 빛의 신비로움에 감탄을 금할 수 없었다. 이 생드니 대성당은 바로 최초 고딕 양식 건축물 중 하나다.

고딕 성당

우리는 유클리드 기하학이 응용된 대표적인 예들을 건축물에서 볼 수 있다. 고대 이집트나 바빌로니아에서 기하학의 발달이 피라미드의 건축과 깊은 연관이 있는 것을 떠올려 보라. 또 고대 그리스에서 발전된 기하학이 상당한 수준이 있음을 떠올린다면 기하학의 응용이 단순히 건축상의 기술뿐 아니라 건축 디자인까지 확장될 수 있다는 것을 충분히 예측할 수 있다.

5세기경 중부 유럽 지역에 기독교가 전파된 후, 다양한 양식의 성당이 건축되었다. 하지만 건축적인 면에서 보았을 때 이들 성당들은 콘스탄티노플의 성 소피아 성당이 성취한 건축 수준에는 미치지 못했다. 12세기에 이르러 상당히 독자적인 양식의 성당들이 건설되기 시작했다. 이 성당들의 양식을 후대에 고딕Gothic이라고 부른다. 이전의 성당들이 수도원이 있는 시골에 세워진 것에 비해 고딕 성당들은 도시에 세워졌다. 특히 고딕 성당의 규모는 거대했다. 예를 들면 1220년에 착공한 아미엥 성당은 내부 길이(서쪽 끝에서 동쪽 끝까지)가 133m, 외부 길이는 145m에 달하며 대지는 7770㎡, 내부 공간의 용적은 20만㎡이다. 이러한 거대한 성당들이 등장한 데에는 농업 생산 방식의 발달로 인한 경제적 발전과 도시의 성장 등의 영향이 작용했다. 또 각 대도시에 있는 주교의 권력이 커진 것도 한몫했다.

고딕 양식은 수직 방향의 높은 탑, 거대한 아치와 큰 창을 특징으로 한다. 고딕 성당의 건축가들은 수직선으로 하늘에 가까이 가고자 하는 신앙심을 표현했고, 큰 창을 통해 많은 빛을 성당 안으로 끌어들여 초월적 존재인 신을 경험하는 장소로 만들고자 했다. 고딕 성당은 길고 거대한 창, 첨두형 아치pointed arch, 리브 볼트rib vault,▲ 플라잉 버트레스flying butress▲▲ 등의 특징을 갖는다. 이 장에서는 창의 장식과 아치에 유클리드 기하학이 어떻게 응용되었는지 살펴본다.

▲ 리브 볼트는 교차하는 볼트의 능선이 리브(볼트 천장의 능선에 부착된 부재)에 의해 보강된 볼트를 말한다.

▲▲ 플라잉 버트레스는 주벽과 떨어져 있는 경사진 아치형으로 벽을 받치는 노출보를 말한다.

고딕 성당에 새겨진 수학

고딕 성당의 건축가들이 지상에서 천국을 경험할 수 있는 공간으로 성당을 만들고자 했다면 그것을 가능케 한 건축 원리나 건축 미학은 무엇일까? 중세의 미학을 구성하는 중요한 아이디어 중 하나는 아우렐리우스 아우구스티누스Aurelius Augustinus(354~430)로 거슬러 올라간다. 그의 저서 《음악론》에 따르면 음악을 진정으로 이해하기 위해서는 아름답게 들리는 음악의 본질적인 법칙을 이해하고 창작에서 그 법칙들을 적용해야 한다. 여기서 본질적인 법칙은 수학을 의미한다. 훌륭한 음악적 조율이라는 것은 하나의 척도를 따라 여러 가지 음악적 단위들을 연결하는 것인데, 그 관계는 단순한 산술적 비로 표현되어야 한다. 아우구스티누스가 제시한 비는 1:1, 1:2, 2:3, 3:4의 비율로, 1:1을 도 음으로 설정했을 때 각각 옥타브, 솔, 파 음에 해당한다. 이 관점은 우주를 수로 이해하고자 한 피타고라스와 플라톤의 신비주의에 그 기원을 둔다. 아우구스티누스는 훌륭한 화음을 근거로 비례가 가지는 신성적 이해를 건축에도 그대로 적용할 수 있다고 주장했다.

최초의 스콜라 학자 보에티우스Boethius(480?~525)는 아우구스티누스의 미학을 더욱 발전시켜 최초의 설계부터 완성된 구성까지 전체적인 창작 과정이 형이상학적 교리뿐만 아니라 어떤 수학적 법칙의 확고한 범위 안에 있어야 한다고 주장했다. 느낌, 미적 감수성 같은 것은 전적으로 부차적인 것이며, 이는 오히려 조화를 이해하는 데 혼란스럽게 한다는 것이다. 오직 이성만이 조화를 실현하고 나타낼 수 있다고 보았다.

아우구스티누스의 미학을 다시 주목한 이들은 12세기 프랑스 샤르트르의 성직자(동시에 학자)들이다. 이들의 관심은 우주론이었는데, 《구약성서》 창세기의 창조 이야기와 플라톤의 《티마이오스Timaios》의 우주론을 연관지어 이해하려 했다. 창세기에서 창조주는 말씀을 통해 우주에 질서를 부여한다.《티마이오스》에서 이해하는 우주는 수학적 질서를 따른다.

> 세계를 구성하는 제일의 기본체들이 건축자의 손에 의해 조립될 준비가
> 되어 있습니다. 이 구성은 정사각형과 정육면체의 완전한 기하학적 비례
> (1:2:4:8과 1:3:9:27)를 따라 제일 기본체의 양들을 지정함으로써 이루어
> 집니다. 이 동일한 비례를 따라 우주의 혼이 구성되었습니다. 이 구성을 따
> 라서, 그 양들이 가장 완전한 비례로 제한되어 있고 연결되어 있는 우주의
> 몸체는 통일성을 이루고 자기 자신과 화합하고 따라서 스스로 자신을 이
> 루고 있는 부분들과의 내부적 부조화로 말미암아 해체되지 않습니다. 이들
> 사이의 유대는 단순한 기하학적인 비례입니다.

샤르트르 학파의 신학과 우주론의 특징은 수학, 특별히 기하학에 대한 강조다. 이들은 수학을 신과 우주를 연결하는 연결 고리로 이해했다. 수학은 신과 우주의 비밀들을 동시에 밝혀 줄 마술과도 같은 도구라고 생각했다. 샤르트르 학파는 이상적인 건축가에 대한 이미지에도 영향을 주었다. 신학자이자 시인인 릴의 알랭Alain of Lille(1128~1203)은 신을 건축가로 비유했다. 신은 자신의 왕국인 우주cosmos를 음악적인 화음의 미묘한 연결을 따라 다양한 재료를 합성하고 조화시켜 예술적인 건축가라는 것이다. 수학적 질서를 따라 지어진 우주가 안정된 것처럼 음악적인 비율을 따라 성당을 건축했을 때 가장 안정적일 것이라고 믿었다.

솔즈버리 대성당의 경우 지면에서 탑 끝까지의 높이는 대략 성당의 서쪽 끝에서 동쪽 끝까지의 길이와 같다. 동서의 축과 남북의 축이 만나는 지점은 가로세로 각각 11.7미터의 사각형인데, 성당 내부의 모든 길이가 이

고딕 성당의 평면도

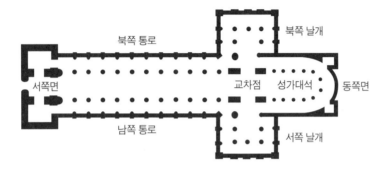

그림 3-1 성당의 평면도.

중세 시대 성당은 동서 방향의 라틴 십자가 모양을 기본으로 한다. 서쪽 주 입구로 들어가서 십자가의 교차점까지의 넓은 대로를 네이브nave라고 하는데, 이는 배를 뜻하는 라틴어 나비스navis에서 온 말이다. 네이브 양쪽으로 아케이드arcade라 불리는 연속적인 아치로 구성된 두 줄의 기둥이 좁은 통로를 제공한다. 아케이드의 기둥과 기둥 사이를 베이bay라고 부른다. 십자가의 좌우 날개는 트랜셉트transept라 부른다. 교차점을 지난 동쪽의 공간은 성가대석choir으로, 미사를 위한 제단이 놓여 있는 가장 신성한 공간이다. 성가대석을 둘러 앰블래토리ambulatory라 불리는 좁은 통로가 있다.

11.7미터를 기준으로 설정되어 있다. 가령 네이브의 10개의 베이 각각의 길이는 5.85미터(11.7미터의 절반)이며 각 베이의 폭도 5.85미터다.

로즈 윈도

고딕 성당의 여러 군데에서 기하학을 흥미롭게 응용한 것을 볼 수 있다. 그중 가장 먼저 발견할 수 있는 것은 성당의 입구에서 마주치는 거대한 원형 창이다. 이 창은 보통 로즈 윈도라 불린다. rose는 바퀴를 의미하는 고대 프랑스어 roue 또는 라틴어 rota에서 온 것으로 본다. ▲ 실제로 로즈 윈도들은 바퀴 축처럼 보이는 가운데 원에서 꽃잎들이 바퀴살처럼 퍼져 나가는 모양이다. 고대부터 바퀴는 태양, 시간, 부의 등락을 상징한다. 바퀴살 또는 꽃잎은 보통 12개인데, 이는 1년 열두 달을 상징한다. 샤르트르 성당 서쪽 입구의 로즈 윈도를 살펴보면, 큰 원 안에 가운데 원을 둘러싼 작은 원 12개가 있고 거기에는 또 다른 흥미로운 장식이 있는 것을 볼 수 있다. 이런 형태의 로즈 윈도는 다른 고딕 성당에서도 볼 수 있는데, 이는 《구약성서》에서 나온 에스겔의 바퀴를 형상화한 것이다.

샤르트르 성당의 로즈 윈도 안의 또 다른 작은 원 안의 장식은 잎새김 장식foliation이라고 불리는 것으로, 다양한 형태로 응용되는 대표적인 고딕 장식이다. 특별히 고딕 성당에서는 로즈 윈도뿐만 아니라 네이브를 따라

▲ 실제로 장미와의 연관설도 널리 받아들여지는데, 이는 장미가 중세의 문학 작품에서 성모 마리아 또는 사랑의 정열을 상징하는 것으로 자주 사용됐기 때문이다. 13세기의 시적 소설 《장미 이야기Roman de la rose》는 당시 인기가 높았다.

에스겔의 바퀴와 12잎의 로즈 윈도

《구약성서》 에스겔서는 선지자 에스겔이 본 환상에 대한 기록이 있다. "네 생물의 형상이 나타나는데…… 각각 네 얼굴과 네 날개가 있고…… 얼굴의 모양은 넷의 앞은 사람의 얼굴이요 넷의 오른쪽은 사자의 얼굴이요 넷이 왼쪽은 소의 얼굴이요 넷이 위는 독수리의 얼굴이니…… 그 바퀴의 형상과 그 구조는 넷이 한결 같은데…… 바퀴 안에 바퀴가 있는 것 같으며"(에스겔 1장 4 – 20절). 제롬이나 그레고리와 같은 초대 교회의 교부들은 반복되는 숫자 4는 4 복음서(마태, 마가, 누가, 요한), 네 가지 가르침의 단계(율법, 선지자, 복음을 전하는 자, 사도들의 행적), 그리스도의 네 가지 신비(성육신, 희생, 부활, 승천)를 상징한다고 보았다. 그러므로 바퀴는 성서의 상징이요 바퀴 안의 바퀴는 《구약성서》에 의해 예언된 《신약성서》로 해석한다. 이탈리아 아시시의 성 루피노 성당의 서쪽 입구의 창은 '성경의 바퀴'라 불린다. 이 창은 에스겔의 바퀴를 세밀하게 형상화하고 있다. (창의 네 구석에는 마태, 마가, 누가, 요한을 상징하는 상징물이 있다.)

수직으로 길고 큰 창을 많이 사용한다. 이는 빛을 성당 안으로 끌어들이는 중요한 건축 요소다. 건축가들은 빛을 끌어들이는 긴 창에 빛이 가지는 상징적 의미를 더욱 풍성하게 하려고 다양한 장식 격자tracery를 사용한다. 잎새김 장식은 창문의 장식 격자에서 아주 중요한 디자인 도구였다.

잎새김 장식이란 잎 모양의 닫혀 있는 곡선으로 하나의 원 내부에 접하는 곡선이다. 많이 사용된 잎새김 장식으로는 삼엽형trefoil, 사엽형quatrefoil, 오엽형cinquefoil 등이 있다. 각각의 잎새김 장식 내부에 정다각형을 대응시킬 수 있다. 삼엽형은 정삼각형, 사엽형은 정사각형, 오엽형은 정

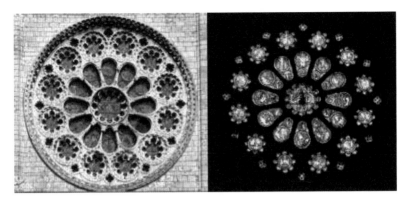

그림 3-2 샤르트르 성당 서쪽 입구의 로즈 윈도.

그림 3-3 생드니 성당 서쪽 입구의 로즈 윈도.

그림 3-4 잎새김 장식.

원 안에 서로 내접하는 세 개의 원 작도하기

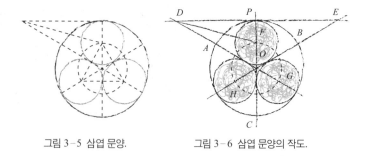

그림 3-5 삼엽 문양.　　　　　그림 3-6 삼엽 문양의 작도.

원 안에 내접하는 세 개의 서로 원을 작도하기 위해서는 먼저 큰 원(외부의 원)
을 3등분한다. 그림 3-6에서 원주상의 3등분 점을 각각 A, B, C로 표시했다.
이제 부채꼴 AOB에 내접하는 원을 작도하고자 한다.

　　먼저 작도하려는 작은 원과 바깥 원 사이의 접점을 구한다. 이 점은 각
AOB의 이등분선이 바깥 원과 만나는 점이다. 자와 컴퍼스만을 사용해 각을
이등분할 수 있다는 것은 유클리드의 《원론》 1권의 명제 9의 내용이다.

　　각 AOB의 이등분선과 바깥 원이 만나는 점을 P라고 하자. 이제 P 위에
서의 접선을 작도한다. 원 위의 접선은 접점과 원의 중심을 연결한 원의 반경
과 수직이 된다는 사실을 이용한다. P를 지나고 선분 OP와 수직인 선을 작도
함으로써 원하는 접선을 작도할 수 있다. 여기서 《원론》 1권의 명제 11을 이용
하면 P를 지나고 반경에 수직인 선을 작도할 수 있다.

　　이 접선과 원의 반경 OA와 OB의 연장선과 만나서 생기는 삼각형을
ODE라고 하자. 우리가 작도하려는 원은 삼각형 ODE의 내접원이다. 《원론》
3권 명제 4에 따르면 내접원의 중심은 삼각형의 각의 이등분선의 교점이다. 삼
각형 ODE는 이등변 삼각형이므로 내접원의 중심은 각 DOE의 이등분선 OP
위에 있다. 삼각형의 다른 각 ODE의 이등분선과 선분 OP의 교점을 F라 하면
내접원의 중심은 F가 된다.

오각형이 대응된다. 이 세 가지 정다각형은 플라톤 다면체라 불리는 다섯 개의 다면체를 구성하는 도형이다. 《티마이오스》에서 플라톤은 정다면체를 우주를 구성하는 기본 요소로 간주한다.▲ 고딕 성당의 건축가들은 장식 격자를 통해 들어오는 빛으로 사람들이 플라톤적 우주를 경험하길 원했던 것이다.

당시 건축가들은 어떻게 자와 컴퍼스만을 가지고 위의 문양들을 작도할 수 있었을까? 여기서는 유클리드 기하학을 이용하여 작도의 아이디어를 설명하고자 한다.

삼엽 문양을 작도하는 법은 다음과 같다.

1. 큰 원 안에 동일한 크기로 서로 접하는 세 개의 원을 작도한다.

2. 내부의 세 원의 중심을 연결해 정삼각형을 작도한다. 이때 삼각형은 정확히 세 원의 접점을 지난다.

3. 삼각형 내부의 선들을 지운다.

4. 외부의 큰 원을 지운다.

아치
||||||||||||

아치는 건축 역사에서 오래된 아이디어다. 가장 오래된 아치 건축물은 BC

▲ 당시 우주를 구성하는 기본 원소로 흙, 불, 공기, 물 네 가지를 꼽았다. 플라톤은 《티마이오스》에서 정사면체는 불, 정육면체는 흙, 정8면체는 공기, 정20면체는 물, 정12면체는 우주에 대응한다고 주장한다.

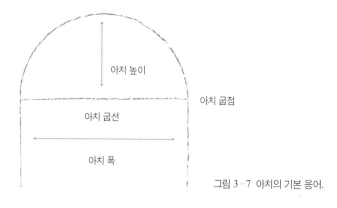

그림 3 - 7 아치의 기본 용어.

1500년 이전까지 거슬러 올라간다. 아시아 대륙과 아메리카 대륙, 메소포타미아의 고대 건축물에서 쉽게 아치를 발견할 수 있다. 아치는 건축물의 하중을 분산시키는 방법으로 사용되었다. 가장 초보적인 형태의 아치는 반원을 사용하는 것이다(그림 3 - 7).

아치는 고딕 성당 건축가들의 건축 이념을 실현하는 데 중요한 도구 중 하나였다. 그들은 높은 천장이 있는 성당을 건축하길 원했는데, 이를 실현하기 위해 이른바 '첨두형 아치pointed arch'라는 것을 사용했다. 이것은 동시에 네이브의 창의 아치 모양을 결정했으며, 창의 장식 격자 디자인에도

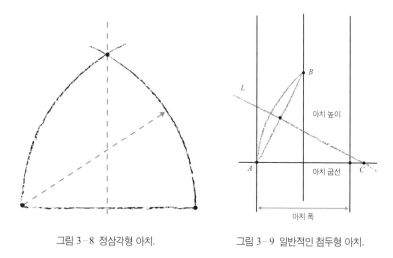

그림 3 - 8 정삼각형 아치.   그림 3 - 9 일반적인 첨두형 아치.

영향을 주었다.

　고딕 성당에 많이 사용된 다양한 첨두형 아치를 작도하는 법을 살펴보자. 가장 간단한 첨두형 아치는 '정삼각형 아치'다(그림 3-8). 각 아치 굽점spring point을 중심으로 하고 아치폭을 반경으로 하는 원을 각각 그리면 된다. 이 경우 아치의 높이와 아치의 폭은 일정한 비율을 갖게 된다.

　아치의 높이와 아치의 폭의 비율을 임의로 조정하고 싶다면 아이디어가 좀 더 필요하다. 아치의 폭과 아치의 높이가 그림 3-9와 같이 주어져 있다고 하자. 먼저 아치 굽점 A와 첨두 B를 직선으로 연결한다. 그다음 선분 AB의 수직 이등분선 L을 작도한다. L의 연장선이 아치 굽선spring line과 만나는 점을 C라고 하자. C를 중심으로 하고 CA를 반경으로 하는 원을 그

그림 3-10 랭스 성당의 창 1.

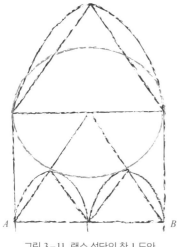

그림 3 - 11 랭스 성당의 창 1 도안.

그림 3 - 12 랭스 성당의 창 2.

리면 A와 B를 연결하는 호를 얻게 된다. 마찬가지로 오른쪽에도 호를 그리면 원하는 아치를 얻는다.

고딕 성당의 벽면에 난 긴 창의 틀은 이와 같은 첨두형 아치 모양인 경우가 많았다. 대표적인 예가 프랑스 랭스 성당의 창이다. 1211년 건축가 장 도르베Jean d'Orbais(1175~1231)가 디자인한 이 창은 첨두형 아치 안을 원과 원 내부의 잎새김 장식과 작은 아치로 장식했다. 창의 디자인은 유클리드 기하를 흥미롭게 응용했다. 이 창의 장식 격자를 작도한 아이디어를 살펴보자.

정삼각형 아치 안에 원을 내접시키면, 이 원의 지름과 아치 굽선이 일치한다(그림 3-11). 내접한 원의 중심에서 반지름이 원의 지름과 같은 원을 그리면 아치의 두 수직선과 만나는 점이 있다(점 A, B). 두 점 A, B를 연결한 선분을 이등분하여 각각의 선분 위에 다시 정삼각형 아치를 작도하면 장 도르베의 창 문양을 얻을 수 있다.

흥미롭게도 랭스 성당의 다른 벽에서 외관상 위의 문양과 비슷하나 조

아치의 내접원 작도

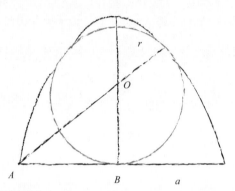

그림 3-13 내접원 작도.

정삼각형 아치에 내접하는 원을 그리는 방법은 다음과 같다. 원의 반지름을 r 이라고 하고 아치의 폭을 $2a$라 하자(그림 3-13). 여기서 직각삼각형 OAB의 각 변의 길이를 결정할 수 있는데 높이는 r이고 아치가 정삼각형 아치이므로, 즉 아치의 호의 지름이 아치의 폭과 같으므로, 빗변은 $2a-r$이다. 피타고라스 정리를 사용하면 $(2a-r)^2 = r^2 + a^2$의 관계식을 얻을 수 있고, 이 식으로부터 $a:r = 4:3$임을 알 수 있다. 이제 아치 굽점을 중심으로 하고 반지름 $2a-r$의 호를 그린다. 이때 호와 아치의 중심선이 만나는 점이 내접원의 중심(그림에서 O)이 된다. 내접원의 중심과 반지름을 모두 알기에 내접원을 작도할 수 있다.

금 다르게 구성된 창을 발견할 수 있다(그림 3-12). 여기서는 원이 정삼각형 아치에 내접해 있다. 그리고 작은 두 개의 정삼각형 아치는 원에 외접하도록 위치가 배치되어 있다.

20유로 지폐의 뒷면에는 랭스 성당의 창문 문양과 비슷한 문양이 있다. 1996년 유럽통화기구는 유로화 지폐의 디자인을 공모해 오스트리아의 디자이너 로베르트 칼리나Robert Kalina의 디자인을 선정했다. 칼리나는 유럽의 건축적 문화 유산을 디자인의 모티브로 사용했다. 고대의 다리, 아치, 개선문, 성당의 창문 등이 지폐의 뒷면을 장식했다. 처음에 그는 20유로 지폐의 디자인에서 실재하는 성당 창문 문양을 그대로 가져오려고 했다. 그러나 유럽 국가들이 공통으로 쓰는 화폐에 특정 국가의 문화 유산을 넣는 것은 상당히 민감한 정치적 문제를 가져올 수 있으므로 그는 가상의 창문 문양을 도안했다.

삼각형 분할과 사각형 분할

16세기 체사레 체사리아노Cesare Cesariano(1475~1543)▲가 그린 밀라노 성당의 정면도 스케치를 보면 많은 삼각형을 볼 수 있다. 우리는 삼각형이 밀라노 성당 정면 설계의 기본 요소이며, 여러 크기의 삼각형을 통해 변화와 통일성을 주는 것이 아닌가 하는 인상을 받는다.

유클리드의 《원론》 1권의 명제 1은 주어진 길이를 갖는 정삼각형을 작

▲   체사레 체사리아노는 이탈리아의 화가이자 건축가이자 건축이론가로, 최초로 비트루비우스의 《건축론》을 이탈리아로 번역했다.

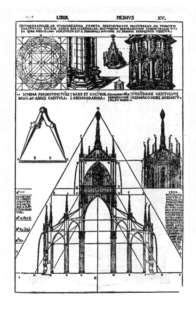

그림 3-14 체사레 체사리아노가 그린 밀라노 성당의 정면도 스케치.

도하는 법을 알려 준다. 정삼각형은 다양한 도형을 만들어 내는 기본 도형이다. 한 점을 축으로 고정하고 순차적으로 이어 붙이면 정육각형을 만들고 원래 자리로 돌아온다. 정육각형을 대칭 회전 각의 절반만 회전해 중첩하면 정12각형을 얻을 수 있다. 정12각형으로 12개 잎을 가진 로즈 윈도를 구성할 수 있다.

《원론》 1권의 명제 1의 증명에 등장하는 두 원을 사용하면 베시카 피시스vesica pisces▲를 작도할 수 있다. 이 안에 두 개의 마주 보는 정삼각형이 내접해 있다. 베시카 피시스는 고대 및 중세의 많은 건축물에서 장식으로 사용된다. 베시카 피시스의 한쪽 끝을 연장하면 물고기 모양같이 되는데, 이것은 고대부터 기독교의 대표적인 상징 중 하나였다. 베시카 피시스는 두 원의 중첩으로 구성되는데, 이는 기독교에서 하늘과 땅 '두 원'에 대

▲ 라틴어로 물고기 부레란 뜻으로, 도형의 모양이 물고기 부레와 비슷해 붙여진 이름이다.

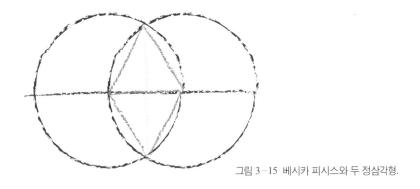

그림 3-15 베시카 피시스와 두 정삼각형.

한 신의 통치를 상징하는 것으로 사용되었다.《구약성서》이사야서(66장 1절)에서는 이를 다음과 같이 묘사한다.

주께서 말씀하시기를 하늘은 나의 보좌요, 땅은 나의 발등상이라. 너희가

나를 위하여 무슨 집을 지으랴.

베시카 피시스 두 개를 이어서 사용하는 경우도 있다. 원 세 개를 중첩시켜 얻을 수 있기 때문에, 이는 삼위일체에 대한 상징으로 사용되기도 했

그림 3-16 링컨 성당 남쪽 벽의 '주교의 눈.'

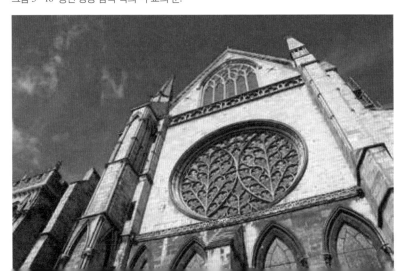

그림 3-17 머치 웬록 수도원의 회랑.

다. 예로 영국의 고딕 건축을 대표하는 링컨 대성당 남쪽 벽의 장식 격자는 '주교의 눈'이라 불리는데, 두 개의 베시카 피시스를 사용했다.

12세기경에 지어진 영국의 머치 웬록 수도원에는 베시카 피시스를 건축에 흥미롭게 반영한 회랑이 있다. 여기서는 반원형 아치를 연속적으로 중첩시킴으로써 두 반원이 교차하는 지점에 베시카 피시스를 얻을 뿐 아니라 일련의 정삼각형 아치를 얻을 수 있음을 볼 수 있다.

16세기 이탈리아와 스페인에서는 성당의 디자인에 타원을 쓰기 시작했는데, 때때로 타원 대신 모양이 유사한 베시카 피시스를 사용하기도 했다. 르네상스 시대 건축가 세바스티아노 세를리오Sebastiano Serlio(1475~1554)는 단순성, 아름다움, 구성의 용이함을 들어 타원 대신 베시카 피시스의

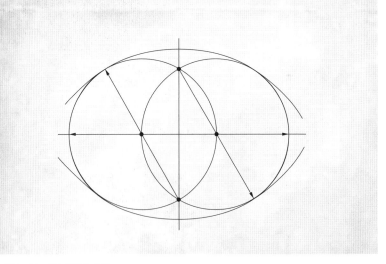

그림 3-18 세를리오의 타원.

사용을 권하기도 했다. 그의 저서 《건축 작품집》에는 베시카 피시스의 모서리를 중심으로 하고 구성에 사용된 원의 지름을 반지름으로 하는 원을 그려 타원 모양을 작도하는 방법을 소개한다(그림 3-18).

《티마이오스》에 등장하는 우주의 기본 원소와 플라톤 정다면체 사이의 대응 관계에서 3개의 정다면체가 정삼각형으로 구성된다는 점 때문에 정삼각형이 특별한 의미를 갖기도 했다. 일반적으로 정삼각형을 이용하면 3이나 6이란 수를 표현하기 쉬운데, 대체로 삼엽 문양, 육엽 문양, 육각형별 등을 통해 표현한다. 이는 보통 삼위일체나 창조의 6일을 상징했다.

고대부터 정사각형은 건축에 있어 중요한 요소이자 도구였다. 중세 시대 성당의 평면도는 라틴 십자가를 기본으로 한다. 전체의 비례뿐만 아니라 건물 자체의 공간 분할에도 정사각형은 중요한 역할을 했다. 정사각형은 한 변과 대각선이 무리수의 비를 이룬다는 점에서 흥미롭다. 정삼각형도 한 변과 높이 사이에 무리수의 비가 성립한다. 무리수의 비례를 활용하면 건축 디자인에 유리수의 비가 줄 수 없는 어떤 역동성을 줄 수 있다.

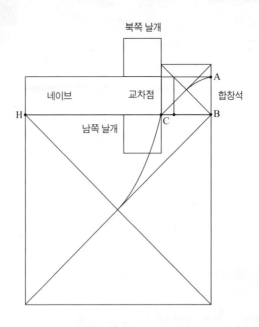

북쪽 날개

네이브　　　　　　　교차점　　　　　　합창석

H　　　　　　　　　　　　　　C　　　　B

남쪽 날개

A

그림 3-19 더럼 성당의 평면도.

11세기 말에서 12세기 초에 건설된 영국의 더럼 성당은 정사각형을 이용해 전체적인 평면도의 공간을 분할하는 방법를 보여 준다. 그림 3-19에서 십자가의 교차점이 끝나는 지점을 결정하기 위해 서에서 동에 이르는 전체 길이를 한 변으로 가지는 정사각형의 대각선 절반을 이용하는 것을 볼 수 있다. 또한 합창석의 폭(동시에 네이브의 폭)이 합창석의 길이를 한 변으로 갖는 정사각형의 대각선 절반으로 정해지는 것을 볼 수 있다. 그러므로 HB와 HC의 비는 BC와 AB의 비와 같다.

정사각형을 이용한 다양한 비례의 구성 및 응용은 르네상스 건축 및 근대 건축에도 계속해서 등장한다. 이에 대해 4장과 5장에서 다시 한 번 살펴볼 것이다.

중세 시대의 유클리드 기하

로마제국의 멸망으로 고대 세계의 화려한 수학 지식의 장이 사라진다. 395년 테오도시우스 1세의 죽음으로 로마제국은 동·서로 분열되었고 476년 서로마제국이 고트족에 의해 멸망했다.

고트족 지배하에 있던 로마의 귀족 출신 철학자이자 정치가인 보에티우스Boethius(475?~524?)는 고대에서 중세로 수학 지식이 전달되는 데 중요한 역할을 하였다. 진지하게 수학을 추구한 사람은 아니었고, 오히려 수학을 정치가가 골고루 알아야 하는 지식 중 하나로 간주했다. 그는 유클리드의《원론》처음 네 권을 증명 없이 명제만 실어《기하학》이라는 책을 썼는데, 이는 중세 시대에 기하학을 공부하는 데 중요한 자료가 되었다. 529년 다시 한 번 고대 수학의 세계에 어둠이 찾아온다. 동로마제국의 황제 유스티니아누스Justinianus는 아테네의 아카데미와 그와 유사한 학교에서의 교육이 기독교에 해롭다고 판단해 이들 학교의 문을 닫는다. 이에 학자들은 페르시아와 같은 지역으로 뿔뿔이 흩어졌다.

암흑의 시기에 화려했던 그리스의 기하학은 아라비아 학자들에 의해 그 명맥이 유지되었다. 9세기 수학자이자 천문학자이자 물리학자인 사비트 이븐 쿠라Thābit ibn Qurra(836~903)와 같은 학자는 유클리드, 아르키메데스, 아폴로니우스Apollonius(BC 262~BC 190) 등의 저작을 아라비아어로 번역했다. 13세기 나시르 알 딘 알 투시Nasir al-Din al-Tusi(1201~1274)는 놀랍게도 비유클리드 기하학의 선행적 연구를 수행했고, 18세기 이탈리아의 지오바니 지롤라모 사케리Giovanni Girolamo Saccheri(1667~1733)는 비유클리드 기하학에 대해 중요한 연구를 할 수 있는 단서를 제공했다.

중세에 그리스 수학의 부활은 스페인을 통해 들어온 아라비아 수학을 유럽인들이 접하면서 이루어졌다. 12세기 무렵 학자들은 아라비아어로 쓰여진 저작들을 부지런히 라틴어로 번역하기 시작했다. 아라비아어를 모르면 수학을 공부할 수 없을 정도였다. 1142년 자연철학자 바스의 아델라드 Adelard of Bath(1080~1152)는 유클리드의 《원론》을 아라비아어에서 라틴어로 처음 번역하였다. 이후 이탈리아의 번역가 크레모나의 제라르Gerard of Cremona(1114~1187), 수학자이자 천문학자 노바라의 캄파누스Campanus of Novara(1220~1296) 등이 다시 《원론》을 라틴어로 옮겼다. 제라르는 유클리드 외에도 프톨레마이오스Ptolemaeus(100?~170?)의 천문학 분야의 저서 《알마게스트Almagest》와 아리스토텔레스의 저작을 포함해 87권을 번역했다. 당시의 번역자들과 학자들은 특히 삼각법에 관심이 많았다고 한다. 오늘날 사용하는 사인sine이라는 용어도 당시 번역하는 과정에서 생겨났다. '입구'를 뜻하는 라틴어 'sinus'에서 온 것인데, 본래 사용된 아라비아어 'jiba'를 '입구'를 뜻하는 'jaib'와 혼동한 데서 온 것이라고 추정된다.

4.

수학, 아름다움을 추구하다
황금 비율

나폴리의 카포디몬테 궁에는 18세기 중엽에 세워진 국립미술관이 있다. 13세기에서 18세기에 이르는 이탈리아 대가들의 그림을 소장한 이 미술관에 야코포 데 바르바리Jacopo de' Barbari(1460?~1510)라는 그다지 잘 알려지지 않은 화가가 그린 흥미로운 그림이 걸려 있다. 그림에는 한 수도사가 책을 참조하면서 기하학적인 도형을 그리고 있다. 그가 보는 책은 유클리드의 《원론》이다. 그림에는 흥미로운 다면체 두 개가 그려져 있다. 수도사의 오른쪽 책 위에 있는 정12면체와 그림의 왼쪽 여백을 차지한 정사각형과 정삼각형으로 이루어진 26면체. 정12면체 밑에 놓인 책은 《산술, 기하, 비례에 대한 요약Summa de arithmetica, geometica, proportioni et proportionalita》(《산술 요약》)이며, 수도사는 이를 집필한 루카 파치올리Luca Pacioli(1445?~1510?)다.

레오나르도 다 빈치Leonardo da Vinci(1452~1519)는 르네상스 문화의 중심지 피렌체에서 예술가로서 교육을 받았다. 어린 나이에 베로키오의 공방에서 허드렛일을 했으며 선배들이 그림 작업을 할 때 조수 역할을 했다. 이때 그는 화가 수업을 받을 수 있었다. 베로키오 공방에서 독립한 후로 피렌체

그림 4-1 야코포 데 바르바리의 〈루카 파치올리〉.

시청의 팔라초 베키오 예배당의 제단화를 그리는 일을 맡게 되었다. 화가라면 모두가 선망하던 일이었다. 다 빈치는 다른 화가들과 달리 자연철학에 관심이 많았다. 여기에 상당히 많은 시간과 노력을 들이는 바람에 종종 의뢰를 받은 작품의 납품 기한을 맞추지 못하는 일이 빈번했다. 1481년 시스티나 예배당을 장식할 피렌체 예술가들을 모집했는데, 다 빈치는 추천을 받지 못했다. 그는 자신을 전적으로 후원해 줄 사람을 찾아 밀라노로 이주했다.

피렌체와 경쟁 관계에 있던 밀라노의 통치자 루도비코 스포르차 Ludovico Sforza는 많은 예술가와 학자들을 후원했다. 다 빈치는 스포르차의 관심을 끌기 위해 상당한 노력을 했다. 음악과 시를 헌정하기도 하고, 군사 기술에 대한 아이디어를 제공하기도 했다. 어느 정도 스포르차의 신임을 얻은 다 빈치는 스포르차 공작이 루카 파치올리를 초청하도록 설득할 수 있었다. 밀라노에 머무는 동안 파치올리는《신성 비례론De divina proportione》이라는 3권짜리 책을 집필한다. 그중 1권은 스포르차 공작에게 헌정되었다. 밀라노에 체류하는 동안 파치올리에게 수학을 배울 수 있었던 다 빈치는《신성 비례론》에 삽화를 그려 주었다. 그중에는 플라톤의 다섯 개 정다면체의 삽화도 포함되어 있다. 데 바르바리의 그림 속 정12면체는 정오각형으로 이루어져 있다. 정오각형은 내부에 오각별을 그릴 수 있는데, 이는 피타고라스 학파가 신성시하던 상징이었다. 오각별은 아주 특별한 비례를 갖고 있다. 이 장에서 다루고자 하는 황금 비율이다.

황금 비율이란 무엇인가

직사각형은 디자인에서 기본이 되는 도형 중 하나다. 우리는 다양한 비율을 가진 직사각형에 둘러싸여 있다. 건물, 컴퓨터 모니터, 책상, 액자, 교과서 등 일상생활에서 볼 수 있는 직사각형은 셀 수 없이 많다. 가장 아름답게 느껴지는 직사각형은 어떤 것일까? 19세기 후반 독일의 심리학자 구스타프 페히너Gustav Fechner는 실제로 남자 228명과 여자 119명으로 이루어진 실험 집단에서 다양한 직사각형(48종류)을 보여 주고 가장 선호하는 직사각형과 가장 선호하지 않는 직사각형을 고르도록 했다. 그가 제시한 직사각형은 세로가로의 비가 1:1, 5:6, 4:5, 3:4, 20:29, 2:3, 21:34, 13:23, 1:2, 2:5로, 정사각형에서 시작해 높이에 대한 폭의 길이가 점점

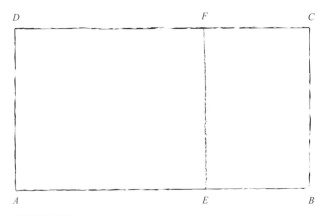
그림 4-2 황금직사각형.

커지는 직사각형들을 제시했다. 실험 결과 사람들이 가장 선호한 사각형은
21:34(= 0.61765)의 사각형이었고 그렇지 않는 사각형은 2:5의 사각형이었
다.▲

　고대 그리스인들은 이상적인 비율을 지닌 사각형에 대한 수학적 정
의를 내렸다. 이를 소개하면 다음과 같다. 주어진 선분 AB 위에 점 E를
선택하여 선분 AB를 분할하고자 한다(그림 4-2). 선분들의 길이의 비가
AB:AE = AE:EB가 되도록 점 E를 선택하자. 이러한 분할을 선분 AB
의 황금 분할▲▲이라 한다. 이제 선분 AB를 폭으로 갖고 높이가 AE와 같

▲　미국의 수학자 조지 마르코프스키George Markowsky는 "황금 비율에 대한 잘못된 인식"이라
는 논문에서 페히너 실험의 문제를 지적하였다. 마르코프스키는 사각형의 크기를 무작위로 배열한
그룹과 크기가 점진적으로 증가하도록 배열한 그룹으로 조건을 달리해 실험했고 그것이 사각형 선
호도에 영향을 주었다는 것이다. 두 그룹에 대한 사각형의 선호도가 다르게 나왔다. 그에 따르면 사
람들이 선호하는 비율은 그 대략적인 범위가 있을 뿐 특정한 비율이 있는 것은 아니다.

▲▲　이 용어는 1835년에 출판된 독일 수학자 마르틴 옴Martin Ohm(1792~1872)의 《순수 기초 수
학》에서 처음 사용된 것으로 알려져 있다. 유클리드는 《원론》에서 'extreme and mean ratio'라는

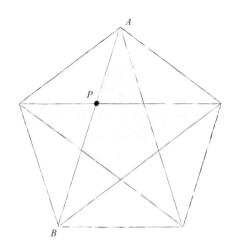

그림 4-3 오각형과 황금 비율.

은 직사각형을 생각하자. 이 직사각형은 내부에 정사각형 ADFE를 취하고 남는 직사각형 EBCF가 원래의 사각형 ABCD와 닮은 사각형이 되는 직사각형이다. 이러한 사각형을 황금직사각형이라 한다.

위와 같이 정의된 황금 비율은 특별한 무리수로 표현된다. AE(= AD)의 길이를 a, EB의 길이를 b라고 하자. 황금 비율의 관계식은 $(a+b):a=a:b$다. 이는 $1+\dfrac{b}{a}=\dfrac{a}{b}$와 동치이고 $x=\dfrac{a}{b}$로 두면 x는 방정식 $1+\dfrac{1}{x}=x$의 근이다. 방정식의 양의 근은 $x=\dfrac{1+\sqrt{5}}{2}\approx1.61803$이다. 이 수를 황금수라고 부른다. 20세기에 들어와서는 이 수를 나타내는 기호로 그리스 알파벳 Φ(피)를 쓰는데, 이는 고대 그리스의 파르테논 신전의 설계자 피디어스Phidias의 이름 첫 글자를 따온 것이다.▲

용어를 사용하였다.

▲ 오랫동안 파르테논 신전이 황금 비율을 따른다는 주장이 우세했으나 최근에는 이 주장이 설

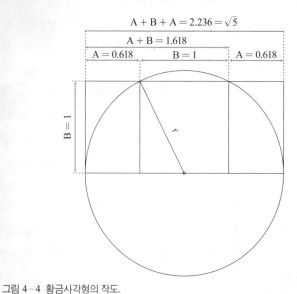

$$A + B + A = 2.236 = \sqrt{5}$$

$$A + B = 1.618$$

$$A = 0.618 \qquad B = 1 \qquad A = 0.618$$

$$B = 1$$

그림 4-4 황금사각형의 작도.

 황금 비율을 최초로 발견한 사람은 피타고라스로 추정한다. 피타고라스 학파가 오각형과 별표에 지대한 관심을 두었기 때문이다. 별표는 오각형의 대각선들을 연결하여 얻을 수 있고 대각선의 교점은 각 대각선에 대한 황금 분할점이 된다. 그림 4-3에서 P는 선분 AB의 황금 분할점이다. 황금 비율이 처음으로 언급된 문헌은 유클리드의 《원론》이다. 유클리드는 《원론》 6권에서 황금 분할의 정의를 소개하고 명제 30에서는 황금 분할을 작도하는 법을 소개한다.

 자와 컴퍼스로 황금 분할을 하는 방법은 여러 가지가 있다. 여기서는 고대 그리스에서부터 알려진 비교적 간단한 방법을 소개한다. 먼저 한 정사각형의 밑변의 중점을 중심으로 하고 밑변의 중점에서부터 정사각형 윗

득력을 잃고 있다.

부분의 한 모서리까지를 반경으로 하는 원을 작도한다(그림 4-4). 정사각형의 밑변을 한쪽으로 연장하여 원과 만나도록 한다. 이 연장선을 밑변으로 하고 원래의 정사각형의 높이를 높이로 하는 사각형은 황금사각형이 된다.

예술에 나타난 황금 비율

고대 그리스인들은 건축과 예술 작품에서 황금 비율을 통하여 아름다움을 구현했다. 아티카(그리스 중남부 지역으로 아테네가 중심 도시다)에서 발견된 BC 6세기의 것으로 추정되는 암포라amphora▲를 살펴보자.

암포라는 수직 방향으로 크게 목과, 그림이 그려져 있는 허리띠, 허리띠 아래의 문양이 그려져 있는 부분으로 나눌 수 있다. 암포라의 목과 허리띠는 황금 비율을 이룬다. 또한 암포라의 허리띠 아래 부분과 허리띠도 황금 비율을 이룬다. 암포라의 입구의 지름은 목의 길이와 황금 비율을 이루도록 정해져 있다. 암포라는 수평 방향으로도 황금 분할을 따른다. 암포라의 어깨의 길이는 입구의 지름과 황금 비율을 이룬다.

고대 그리스인들은 왜 암포라의 디자인에 황금 비율을 적용한 것일까? 그리스인들은 추상적인 개념을 선호했다. 물리적인 대상이 불완전하고 사라질 수 있는데 반해, 추상적인 것은 완전하고 영원하다고 생각했다. 이는 플라톤의 이데아 사상에 잘 드러나 있다. 가령 한 송이의 꽃을 보는 지상에서의 미적 경험은 일시적이고 불완전하다. 꽃은 곧 시들기 때문이다.

▲ 고대 그리스, 로마 시대의 몸통이 불룩한 항아리의 한 형식으로 세로로 손잡이 두 개가 달려 있다.

그림 4 – 5 아틱 암포라의 황금 비율.

이를 이상적인 '미'라는 추상적인 개념의 그림자에 불과하다고 여겼다. 플라톤은 수학적 대상들을 높이 평가했는데, 이들이 바로 추상적인 대상이기 때문이었다. 이상적이고 불변하는 대상이 바로 수학적 개념이었다. 이러한 경향은 조각과 건축의 표준화에 영향을 주었다. 이른바 카논Kanon/Canon이라는 기준을 만들어 인체의 조각을 만들 때 각 인체 부분의 비가 어떠해야 한다는 것을 규정했다. 건축에 있어서도 극도의 기하학적인 비례를 추구했다. 암포라의 황금 비율은 그리스인이 추구한 카논의 결과로 짐작된다.

황금사각형의 분할

||||||||||||||||||||||||||||||||||||||||||||||||||||||

사각형의 분할은 건축 및 디자인에서 중요한 이슈 중 하나다. 주어진 사각형 안에서 어떻게 미적인 구성을 할 것인가? 주어진 공간을 어떻게 조화롭게 분할할 것인가? 건축가와 예술가들은 간단한 기하학적 원리의 도움을 받아서 이 문제를 해결할 수 있었다.

황금사각형은 자연스럽고 흥미로운 기하학적 분할을 허용한다. 주어진 황금사각형을 수평 방향으로 황금 비율을 따라 분할하면 왼쪽에 정사각형 오른쪽에는 또 다른 황금사각형을 얻는다. 이때 얻은 작은 황금사각형은 처음의 황금사각형을 1/Φ의 크기로 축소한 것이다. 이 작은 황금사각형을 다시 황금 분할한다. 황금 분할선은 이번에는 수평 방향이다(그림 4-6 에서 GH). 여기서 첫 번째 황금 분할선(EF)과 두 번째 황금 분할선(GH)이 만

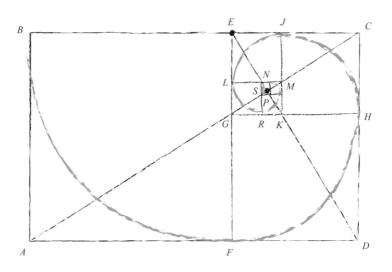

그림 4-6 황금사각형의 분할.

나는 점은 사실 첫 번째 황금 분할선과 처음의 황금사각형의 대각선이 만나는 점이다.

황금 분할의 과정을 계속하면 점점 크기가 작아지는 일련의 황금사각형을 얻을 수 있다. 동시에 일련의 정사각형들을 얻을 수 있는데, 각 정사각형에 사분원을 그려서 계속 연결하면 하나의 나선을 얻을 수 있다. 이를 황금 나선이라고 한다. 황금 나선은 한 점으로 수렴하는데, 그 점은 첫 번째 황금사각형의 대각선과 두 번째 황금사각형의 대각선의 교점이다. 이는 각 단계에서 황금 분할선이 이전 단계의 황금사각형의 황금 분할선과 대각선의 교점에 의해 결정되기 때문에 그렇다.

유클리드의 학생이 된 화가 라파엘로

화가가 그림을 그릴 때 하는 고민 중 하나는 주어진 화면을 어떻게 적절한 원리를 따라 분할하고 그 영역에 적절하게 사물(혹은 피사체를 이루는 부분)을 배치함으로써 전체적으로 아름다운 균형을 보여 주는 작품을 만들 수 있을까 하는 점일 것이다. 캔버스가 황금사각형이라고 가정할 때, 황금 분할은 전체와 부분이 같은 비를 이루도록 화면을 분할하는 방법을 제시한다.

모든 화가들이 화면을 분할할 때 황금 비율을 따르는 것은 아니다. 역사적으로 몇몇 작품은 황금 분할에 잘 들어맞지만, 그 화가가 의도적으로 황금 분할을 했는지는 알려져 있지 않다. 신인상주의를 대표하는 화가 조르주 쇠라George Seurat(1859~1891)의 대표작 〈아스니에르의 물놀이Une Baignade, Asniéres〉는 화면의 분할이 황금 분할로 잘 설명된다. 물 안에 있는 사람들과 강가에 앉아 있는 사람들을 나누는 선은 화면을 황금 비율로

그림 4-7 조르주 쇠라의 〈아스니에르의 물놀이〉.

그림 4-8 조르주 쇠라의 〈서커스 사이드 쇼〉.

나눈다. 쇠라의 또 다른 작품 〈서커스 사이드 쇼Parade de cirque〉도 좌우의 분할이 비대칭인데, 왼쪽의 공간이 정사각형으로 보인다.

최근 들어 황금 분할에 따라 화면 구성을 한 것으로 알려졌던 많은 작품들이 실제는 다른 비율을 따라 구성했다는 분석이 있다. 다 빈치의 〈모나리자Mona Lisa〉, 〈광야의 성 히에로니무스St. Jerom in the wilderness〉, 〈노인의 두상 스케치〉가 대표적이다. 아테네 파르테논 신전의 황금 분할과 관련된 오래된 믿음도 비판받고 있다. 여기서는 비교적 황금 분할로 잘 분석이 되는 작품을 살펴보기로 하자.

라파엘로 산치오Raffaello Sanzio(1483~1520)가 그린 〈갈라테아의 승리 Trionfo di Galatea〉를 보자. 갈라테아는 고대 로마의 시인 오비디우스의 《변신》에 나오는 바다의 님프다. 목동인 아키스와 사랑에 빠졌는데 이를 질투한 포세이돈의 아들 폴리페무스가 바위를 던져 아키스를 죽인다. 이 그림은 부유한 은행가 아고스티노 키지가 자신의 교외 별장인 파르네시나에 장식할 벽화로 라파엘로에게 의뢰한 작품이다. 먼저 가운데 위치한 인물인 갈라테아의 머리를 기준으로 화면은 양분되는데, 선 1 아랫부분의 수직 길이와 그림 전체의 수직 길이는 황금 비율을 이룬다. 양분된 화면의 윗부분을 선 2가 좌우로 황금 분할하며 오른쪽의 두 천사는 선 2의 오른쪽에 배치된다. 왼쪽의 사각형은 선 3으로 황금 분할되는데, 왼쪽의 천사는 선 3 아래 배치된다. 선 3의 윗부분은 다시 선 4에 의해 황금 분할되는데, 구름 속의 인물은 선 4에 의해 분할된 사각형 안에 들어간다. 선 1의 윗부분을 선 2로 황금 분할할 수도 있으나 선 5로도 황금 분할할 수 있다. 이때 가장 우편의 천

▲ 〈아스니에르의 물놀이〉는 쇠라가 점묘화법으로 그린 최초의 작품으로, 1884년 살롱에 출품해 낙선했으나 앙데팡당전에 출품해 큰 반향을 일으켰다.

그림 4 - 9 라파엘로의 〈갈라테아의 승리〉.

사는 선 5 오른쪽에 놓인다. 선 2와 선 5를 수직으로 연장하면 가운데의 갈라테아와 갈라테아 왼쪽에 님프를 붙잡고 있는 트리톤과 오른쪽의 켄타우루스 세 명과 돌고래 두 마리로 자연스럽게 분할한다. 한편 트리톤에게 붙잡힌 님프의 목을 지나는 수평선도 황금 분할이 되는데, 이 선을 기준으로 윗부분과 아랫부분의 구성물들이 다시 한 번 나뉘는 것을 볼 수 있다.

무리수, 사각형을 분할하다

회화, 건축, 디자인에 단지 황금사각형만 사용된 것은 아니었다. 사각형들은 크게 두 종류로 나눌 수 있다. 가로세로의 비가 유리수가 되는 정태적 사각형static rectangle과 가로세로의 비가 $\sqrt{2}$, $\sqrt{3}$, $\sqrt{5}$, Φ 등과 같이 무리수가 되는 동태적 사각형dynamic rectangle이다. 예술가들은 주로 동태적 사각형을 많이 사용했는데, 이는 동태적 사각형이 다양한 종류의 분할을 할 수

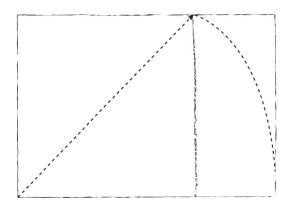

그림 4-10 2의 제곱근 사각형의 작도.

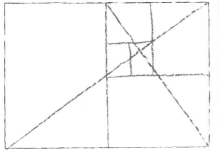
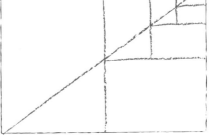

그림 4-11 2의 제곱근 사각형의 분할 1.　　　　　그림 4-12 2의 제곱근 사각형의 분할 2.

있기 때문이다.

　먼저 2의 제곱근 사각형의 성질을 살펴보자. 2의 제곱근 사각형은 정사각형의 한 꼭짓점을 중심으로 하고 대각선을 반지름으로 하는 원과 만날 때까지 밑변을 연장하여 만들어지는 사각형이다(그림 4-10).

　2의 제곱근 사각형을 좌우로 양분하면 각각의 작은 사각형은 다시 2의 제곱근 사각형이 된다. 작은 사각형을 다시 양분하면 2의 제곱근 사각형을 얻을 수 있고 이 과정을 계속 반복하면 황금사각형의 분할 경우와 유사하게 사각형들의 수렴 현상을 볼 수 있다. 황금사각형의 경우와 마찬가지로 큰 사각형의 대각선과 첫 번째 분할에서 얻은 오른쪽의 사각형의 대각선의 교점이 수렴점이 된다(그림 4-11).

　또 다른 수렴 분할은 먼저 2의 제곱근 사각형을 양분하여 오른쪽 사각형을 선택하고 다시 양분하여 위의 사각형을 선택한다. 이 사각형은 처음 사각형의 1/2 크기의 2의 제곱근 사각형이다. 이 1/2 크기의 사각형으로 다시 위의 과정을 반복하면 1/4 크기의 2의 제곱근 사각형을 얻는다. 이 과정을 반복하게 되면 사각형은 오른쪽 윗부분의 꼭짓점으로 수렴하게 된다(그림 4-12). 2의 제곱근 사각형은 종이 크기의 표준인 A계열 용지를 정하는

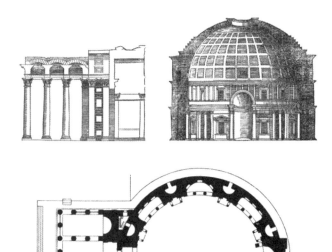

그림 4-13 판테온의 측면도와 평면도.

방식에 이용된다.▲ A0 용지는 841×1189(㎜×㎜) 크기로 이를 양분해 A1
을 얻고 양분화 과정을 반복함으로써 A계열을 얻는다. 여기서 A0 용지는
2의 제곱근 사각형이다.

　역사적으로 건축에서 2의 제곱근 사각형은 널리 애용되었다. 자와 컴
퍼스를 사용하면 쉽게 작도할 수 있기에 고대부터 건물의 평면도에 자주
사용되었다. 대표적인 예로 로마의 판테온을 들 수 있다. 원형 돔을 포함하
는 정사각형을 대각선을 이용해 확장하면 남북 방향으로 붙어 있는 사각

▲　1786년 독일의 물리학자 게오르크 크리스토프 리히텐베르크Georg Christoph Lichtenberg가 용
지의 비율을 이 방식으로 하면 낭비가 적다는 것을 처음으로 제시했다.

그림 4-14 빌라 에모의 중앙부.

형 모양의 입구를 포함하는 2의 제곱근 사각형을 얻을 수 있다. 3장에서 살펴본 것처럼 고딕 성당의 십자가 모양 평면도에서도 2의 제곱근 사각형을 사용한 분할이 즐겨 사용되었다.

르네상스 시대에 대부분 건축가들은 유리수 비를 선호했다. 하지만 프란체스코 디 조르지오 마르티니Francesco di Giorgio Martini(1439~1502)나 세바스티아노 세를리오 같은 건축가들은 2의 제곱근 사각형을 즐겨 사용했다. 건축사에서 가장 중요한 건축가 중 한 사람인 안드레아 팔라디오Andrea Paladio(1507~1580)는 16세기 베니스 공화국의 통치하에 있던 여러 지역에 빌라▲를 남겼다. 1549년 그는 비첸자에 있는 마을 회관의 외관을 보수했는

▲ 시골이나 교외의 저택, 별장 등을 말하며, 고대 로마의 하드리아누스 황제가 로마 교외(티볼리)에 지은 하드리안 빌라가 원형으로 알려져 있다.

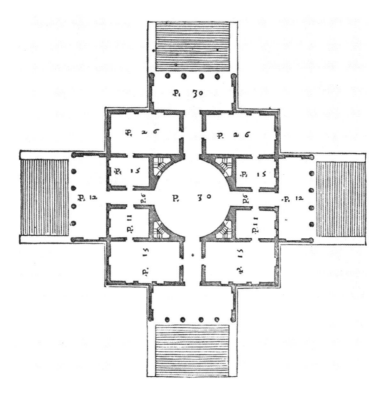

그림 4 - 15 빌라 로톤다의 평면도.

데, 건물을 돌아가면서 2층 위 아래로 반복되는 아치를 사용해 오래된 건물에 우아함을 입혔다. 여기서 각 아치는 2의 제곱근 사각형을 이룬다. 1555~1565년에 걸쳐 지어진 베니스 북쪽의 빌라 에모Villa Emo는 계단 위로 약간 솟아오른 단정한 입구의 양쪽으로 아치들이 펼쳐진 아름다운 건물이다. 중앙부 입구 양쪽의 벽은 2의 제곱근 사각형을 사용했다. 팔라디오의 대표작이며 유네스코 지정 문화유산이기도 한 빌라 로톤다Villa Rotonda의 평면도를 보면 네 모서리를 차지하는 직사각형 모양의 방을 볼 수 있다. 이는 2의 제곱근 사각형은 아니지만 2의 제곱근 사각형의 대각선 길이를 취하여 사각형의 긴 방향으로 확장하여 얻는 3의 제곱근 사각형이다.

폴리클레이토스의 카논

서양 미술사에서 고대 그리스의 조각은 사실적인 묘사와 아름다운 비례로 하나의 기준이요 모범과 같은 역할을 한다. 고대 그리스의 예술가들이 생동감 있고 사실적인 표현을 할 수 있었던 것은 비례를 이용한 덕분이다. 인체의 각 부분에 대한 비례를 정확하게 사용함으로써 사실적이고 역동적인 묘사가 가능했던 것이다.

BC 5세기 중반의 조각가 폴리클레이토스Polykleitos는 인체 조각에 사용하기 위한 비례의 규범을 정하였고 이에 따라 조각을 하였다. 그러한 규범과 조각을 모두 '카논'이라고 불렀는데, 각 시대마다 예술가들은 자신들만의 카논을 정하고 중요한 창작의 규범으로 삼았다. 카논은 신체 부분과 전체와의 관계에 대한 비례 체계를 포함한다. 폴리클레이토스의 저작은 남아 있지 않지만 다른 저작에서 인용된 글을 통해 카논에 포함되어 있던 그의 원리들을 짐작할 수 있다. 다음은 그중 몇 가지 원리다.

1. 완성도는 많은 숫자들을 통해 서서히 이루어진다.

2. 숫자들은 통약성commensurability과 조화의 체계를 통해 모두 합치되어야 하는데, 이는 만약 한 요소라도 생략이 되거나 빠지면 추함을 피할 수 없기 때문이다.

3. 완전한 인체는 너무 커서도 너무 작아서도 안 되며 너무 뚱뚱하거나 너무 날씬해서도 안 된다. 대신 정확한 비례를 이루어야 한다.

4. 비례에 있어 완전성은 모든 인체의 부분들 — 손가락과 손, 아래팔(팔꿈치에서 손목까지), 위팔(어깨에서 팔꿈치까지), 다리 — 사이의 통약성을 통해 성취된다.

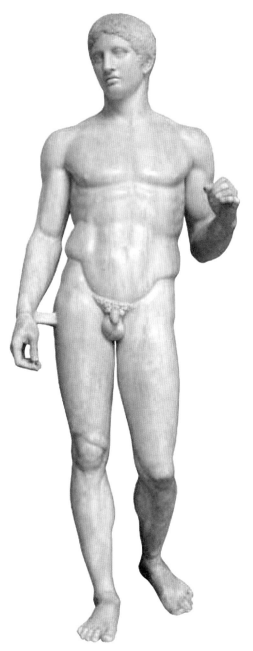

그림 4-16 폴리클레이토스의 〈창을 든 남자〉. 원본은 남아 있지 않으며 현존하는 것은 2세기 고대 로마에서 제작된 대리석 복제품이다.

폴리클레이토스의 대표작 〈창을 든 남자Doryphoros〉를 살펴보자. 먼저 배꼽을 기준으로 황금 분할이 되어 있다. 머리에서 가슴까지와 가슴에서 오른쪽 무릎까지 황금 분할이 되어 있고, 가슴에서 오른쪽 무릎까지와 오른쪽 무릎에서 발까지 황금 분할이 되어 있다. 머리에서 배꼽까지는 턱에서 황금 분할이 되어 있다.

비례는 산술적인 관계를 통해 표현이 되며 고대 그리스의 수학적 지식이 중요한 역할을 하였다. 카논의 수학적 원리는 피타고라스와 그의 학파로부터 온 것으로 본다. 피타고라스 학파가 비례에 관심을 가지게 된 것은 현악기의 소리 높낮이와 현 길이의 상관관계에 대한 발견이 아닐까 생각된다. 현의 길이가 절반으로 줄어들면 한 옥타브 높은 소리가 난다. 주어진 현이 만약 도(C)음을 낸다면 원래 현 길이의 2/3는 솔(G)음을 낸다. 만약 원래 현 길이의 3/4이 된다면 파(F)음을 낸다. 여기서 2/3는 1과 1/2의 조화 평균harmonic mean이고, 3/4은 1과 1/2의 산술 평균arithmetic mean이다.▲ 여기 등장하는 수 1, 2, 3, 4는 합이 10이 되는데, 피타고라스 학파는 10을 신성한 수로 여겼다. 10이 다음과 같은 의미에서 우주를 상징한다고 생각했기 때문이다. 1차원의 직선은 두 점에 의해서, 2차원의 삼각형은 한 직선에 있지 않은 세 점에 의해서, 3차원의 사면체는 한 평면에 있지 않은 네 점에 의해서 결정된다. 따라서 1, 2, 3, 4는 우주의 모든 차원을 설명하고 있다. 특별한 비례가 우주의 질서를 설명한다고 피타고라스 학파는 믿었고 이는 그리스 예술가들에게 비례의 중요성을 강조하는 근거가 되었다.

▲　a와 b의 조화 평균 c는 $\frac{1/a+1/b}{2}=\frac{1}{c}$로 정의 되고 a와 b의 산술 평균은 $\frac{a+b}{2}$로 정의된다. a와 b의 산술 평균과 조화 평균 사이에는 $a:\frac{a+b}{2}=\frac{2ab}{a+b}:b$라는 아름다운 관계가 성립한다.

르네상스 건축: 비례의 부활

15세기 이탈리아의 건축가들은 중세 시대와는 다른 건축 양식을 시도한다. 라틴 십자가 모양의 플랜과 높은 첨탑을 특징으로 했던 중세와 달리 르네상스 시대의 성당은 그리스 십자가 또는 정방형의 플랜과 돔이 특징이다. 이탈리아 르네상스 건축 양식의 창시자인 필리포 브루넬레스키Filippo Brunelleschi(1377~1446)와 레온 바티스타 알베르티Leon Battista Alberti(1404~1472)는 이탈리아에 남아 있는 고대 로마의 건축 양식으로부터 영감을 받았다. 건축 이론가로도 중요한 역할을 한 알베르티는 BC 1세기의 로마 건축가 마르쿠스 비트루비우스 폴리오Marcus Vitruvius Pollio가 쓴 《건축론De architectura》의 영향을 깊이 받았다.

비트루비우스의 《건축론》은 현재까지 남아 있는 가장 오래된 건축서로 많은 르네상스 건축가들과 예술가들에게 영향을 주었다. 비트루비우스는 피타고라스에서 시작된 그리스 전통의 건축미를 따른다. 그는 비례를 "건축물의 여러 부분들 사이의 일치된 조화인데, 이는 높이와 폭, 폭과 길이, 이 모두와 전체 사이의 합당하고 규칙적인 일치의 결과"라고 정의한다. 그는 또 건축에서 비례의 역할에 대해 다음과 같이 말한다.

> 신전을 설계할 때 건축가는 대칭에 유념해야 한다. 대칭은 비례로부터 오는데, 비례란 서로 다른 부분들 사이 또한 각 부분과 전체 사이의 크기에 있어서의 적절한 일치다. 대칭은 이 적절한 일치에서 온다. 따라서 이러한 대칭과 비례가 결여된 건물은 제대로 설계되었다고 볼 수 없다. 대칭과 비례가 인체에 아름다움을 주듯 건물에도 아름다움을 부여한다.

그림 4-17 산타 마리아 노벨라 성당.

알베르티는 《건축론De re aedificatoria》(10권, 1452)에서 비트루비우스의 관점을 계승한다. 수로 표현되는 비례가 우주와 미에 대한 통일된 조화의 원리라는 피타고라스의 관점을 따르고 있음을 다음 글에서 확인할 수 있다.

나는 날마다 "자연은 일관성 있게 움직인다"라는 피타고라스의 말이 진리임을 더욱 확신하게 된다…… 음의 조화를 주어 우리의 귀를 즐겁게 하는 그 수들과 같은 수들이 우리의 눈과 정신 또한 즐겁게 한다고 결론을 내리게 된다. 그러므로 우리는 비례를 발견하게 하는 모든 규칙을 음악가들로부터 빌려와야 한다.

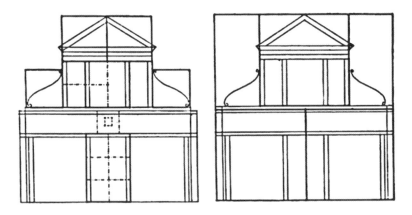

그림 4-18 산타 마리아 노벨라 성당의 파사드의 비례.

알베르티의 비례를 이용한 미의 구현이라는 건축 철학이 잘 구현된 예
중 하나가 산타 마리아 노벨라 성당의 파사드facade(건축물의 정면)다. 미술사
학자 루돌프 비트코버Rudolf Wittkower의 분석에 따르면, 성당 파사드의 각
요소 사이에 정수비가 성립한다. 정수비가 중요한 점은 음계의 각 음이 현
의 길이의 정수비에 따라서 결정된다는 피타고라스의 발견 때문이다. 먼저
파사드 전체가 하나의 정사각형 안에 들어간다. 이 정사각형의 1/2 크기의
정사각형 두 개로 1층이 분할되고 2층은 같은 크기의 정사각형 하나 안에
들어간다. 정사각형 개수의 비에 있어서 2층과 1층은 1:2이고 이것은 한
옥타브를 이룬다. 2층 중앙의 원형 창을 포함한 베이bay(건물에서 약간 튀어 나
온 곡선 부분)는 2층을 포함하는 정사각형의 1/2 크기의 정사각형과 일치하
고, 같은 크기의 정사각형 2개는 페디먼트pediment(고대 그리스 건축에서 건물 입
구 위의 삼각형 부분)와 엔태블러처entablature(기둥 위에 걸쳐 놓은 수평 부분)를 포함
한다. 이는 다시 한 번 1:2의 비를 표현했다. 1:2의 비례 외에도 다른 정수
비를 발견할 수 있다. 2층 중앙의 베이를 포함했던 정사각형의 길이와 2층

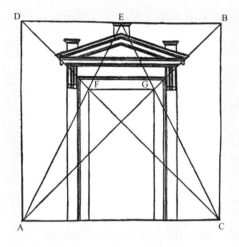

그림 4-19 세를리오가 한 교회 문의 도해.

양 옆의 소용돌이 장식scroll을 포함하는 정사각형의 길이는 6:5의 비례를 이룬다. 1층의 현관 베이의 높이와 폭은 3:2의 비례를 이루고 애틱attic(돌림 띠 위쪽의 중간 2층 또는 장식벽) 가운데 띠를 형성하는 정사각형과 애틱의 높이는 1:3의 비를 이룬다.

이탈리아의 르네상스 건축 양식의 발전 시기를 통틀어 비례에 대한 관심은 점점 커졌고 단순한 정수비를 넘어 무리수 비를 건축에 적용하는 단계까지 나아간다. 16세기 전반에 활동한 건축가 세바스티아노 세를리오가 쓴 《건축론》 1권에는 교회의 문을 기하학적으로 설계하는 것에 대한 도해가 있다(그림 4-19). 그는 먼저 정사각형으로 시작한다. 정사각형의 두 대각선은 교회의 높이에 대해 $\sqrt{2}$의 비를 이룬다. 도해를 보면 대각선을 따라 지붕의 끝과 문의 내부 경계선 위쪽 모서리가 지나가도록 설계했다. 흥미로운 점은 문의 위쪽 모서리들이 정사각형을 절반으로 분할한 사각형의 대각선(AE와 CE) 위에도 놓인다는 점이다. 이 대각선은 교회의 높이의 절반에 대해서 $\sqrt{5}$의 비를 이룬다. 사실상 두 대각선의 교점으로 생기는 문의 높이는 교회 전체 높이의 2/3가 된다. 두 무리수의 비가 정수의 비를 결정하는 것이다.

이탈리아 르네상스 건축가 중 다양한 비례를 가장 자유롭게 사용한 사람은 안드레아 팔라디오다. 앞에서 살펴본 빌라 로톤다의 평면도를 보면 팔라디오가 다양한 비를 사용하여 방의 모양을 정한 것을 알 수 있다. 그는 여러 건축서를 집필했는데, 그중《건축 4서quattro libridell's》(1570)가 유명하다. 그는《건축 4서》에서 비례와 대칭에 대해 다음과 같이 말한다.

> 나는 홀의 높이가 절대 폭의 두 배를 넘어서는 안 된다는 사실과, 홀이 정사각형의 형태에 가까워질수록 아름답고, 배치하기에 편리하다는 사실도 알아냈다. 또한 빙들은 입구와 홀을 양쪽에 두고 위치하며, 오른쪽 방과 왼쪽 방이 똑같이 일치해 건물의 양 측면이 평행을 이루도록 해야 한다 ······ 가장 아름답고 우아한 방의 비례는 일곱 가지 형태로 주어질 수 있다. 즉 거의 사용되지 않는 원형, 정방형, 정방형의 대각선의 길이를 통한 비례,▲ 1 : 3 사각형, 2 : 3 사각형, 1 : 2 사각형 등이다.

건축에 음악적 비례를 적용하던 르네상스의 유행은 16세기를 지나면서 쇠퇴하게 된다. 1762년 이탈리아 건축가 토마소 테만자Tommaso Temanza(1705~1789)는 관찰자가 한 건물의 비례를 감상할 때 건물의 여기저기에 흩어져 있는 음악적 비례를 동시에 판단할 수 없음을 지적했다. 또한 건물을 바라보는 각도에 따라 건축가가 부여한 비가 다르게 인식될 수 있다고 보았다. 한 예로 루브르 박물관 정면에서 보이는 근사한 비례를 멀리

▲ 앞에서 언급한 2의 제곱근 사각형을 의미한다.

떨어져 측면에서 본다면 제대로 인식할 수가 없다. 그러나 최근 자하 하디드Zaha Hadid(이라크 출신의 영국 건축가)가 설계한 동대문 디자인 플라자(DDP)는 거대한 유선형 모양의 우주선을 연상시키는데, 이는 보는 사람들을 압도하지만 어떤 거리, 어떤 각도에서 보든 비슷한 시각적 경험을 하게 된다.

미스 반 데어 로에는 왜 황금 분할을 사용했을까?

루드비히 미스 반 데어 로에Ludwig Mies van der Rohe(1886~1969)는 르 코르뷔지에와 더불어 2차 세계 대전 이후 세계 건축을 지배했던 모더니즘의 대표적 건축가다. 형식과 디자인이 건물의 기능을 따라야 한다는 모더니즘은 불필요한 장식을 배제하고 단순성과 명료함을 추구하는 건축 양식이다. 미스 반 데어 로에가 설계한 뉴욕의 시그램 빌딩은 오늘날 많은 대도시 도심에서 볼 수 있는 유리와 철강으로 지어진 고층 건물의 원조라 할 수 있다. 독일 태생인 그는 자신이 교장으로 있던 바우하우스가 나치에 의해 폐쇄당하기 전까지 유럽에서 활동하였다. 이후 미국의 일리노이 공과대학교 건축대학의 학장을 맡으면서 미국에서 활동했다.

　미국 체류 시절의 대표작 중 하나인 판스워스 하우스는 사방이 유리로 둘러싸인 단층의 아주 단순한 구조를 가진 별장이다. 정면으로 기둥 네 개가 수평면을 분할하는데, 두 기둥 사이의 커다란 창은 황금 분할 사각형이다. 황금 분할 사각형의 사용은 또 다른 작품에서도 발견된다. 그는 일리노이 공대의 새 캠퍼스에 있는 여러 건물을 디자인하였는데, 그중 채플은 황금 비율을 다양하게 적용한 대표적인 예다. 정면의 외관은 수직 사각형 다섯 개로 분할되는데, 수평 분할선 위의 평면은 황금사각형 다섯 개로 분할된다. 채플의 평면도를 보면 황금사각형을 사용하여 공간을 배치하고 있음을 알 수 있다. 사각형의 황금 분할선은 회중석과 강단을 분할하며 강단은 다시 황금사각형의 분할을 따라 제단과 보관실로 구분된다.

　미스 반 데어 로에는 왜 황금 분할을 즐겨 사용하였을까? 그가 의도적으로 황금 분할을 사용한 것이라기보다는 비례를 구현하는 전통적 건축 언어로서 무의식적으로 사용했다고 보는 것이 옳다. 그는 건물을 설계할 때 그 용도

그림 4-20 황금 분할 사각형을 적용한 루드비히 미스 반 데어 로에의 판스워스 하우스(미국 일리노이 주).

가 얼마든지 변경될 수 있다는 것을 염두에 두어야 한다고 주장했다. 그는 가변성이 높은 공간을 만드는 데 관심이 많았다. 그러다 보니 공간 자체를 벽으로 분할하기보다는 통으로 큰 공간을 만들었다. 일리노이 대학 채플처럼 황금 사각형을 사용하면 특별한 분할이 없는 공간임에도 사용 목적에 따라 공간을 부여할 때 어떤 일정한 질서를 추구할 수 있고 결과적으로 어떤 미적 효과를 얻을 수 있다. 판스워스 하우스는 사면을 직사각형의 통유리로 두름으로써 자연과의 소통을 극대화할 수 있다. 동시에 황금사각형을 이용하여 집의 사면을 수평적인 분할을 하면 단순하지만 우아한 미적인 효과를 거둘 수 있다.

5

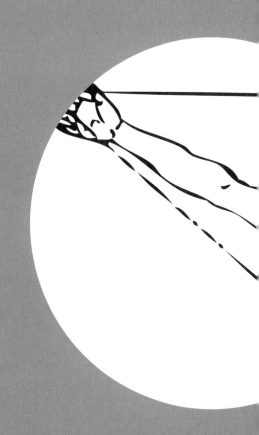

피보나치로 지은 건축

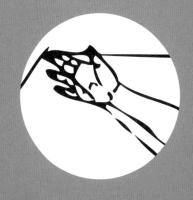

초등학생도 이해할 수 있는 문제임에도 불구하고 일류 수학자들이 두 손을 드는 경우가 있다. 임의의 자연수를 하나 택해 보자. 이 수가 짝수면 2로 나누고 이 수가 홀수면 3을 곱하고 다시 1을 더한 다음 2로 나눈다. 그래서 얻은 수에 다시 이 과정을 적용한다. 이 과정을 계속해서 반복한다면 어떻게 될까?

예를 들어 12는 처음에는 6이 되고 그다음에 3이 된다. 그다음에는 10, 5, 16, 8, 4, 2, 1이 된다. 일단 1이 되면 그 후에는 계속 2, 1을 반복한다. 어떤 자연수를 택하든 이 과정을 반복한다면 항상 2, 1을 반복하는 순환 수열로 끝날까? 당연히 그럴 것이라고 믿고 있지만 아직 아무도 이를 증명하지는 못했다. 2008년까지 알려진 결과에 의하면 19×2^{58}까지의 모든 수는 이 과정을 반복했을 때 결국 2, 1을 반복하는 순환 수열로 끝난다는 것으로 알려져 있다. 물론 컴퓨터를 돌려서 확인해 본 것이다.

이 문제가 생각만큼 간단하지 않은 것은 2로 나누는 과정은 분명 수를 감소시키지만 3을 곱하고 2로 나누는 과정은 수를 증가시키기 때문이다. 두 과정이 번갈아 가면서 작동할 때 의외로 수가 증가할 수 있다. 가령 27은 그렇게 큰 수가 아니지만 두 과정을 번갈아 적용하면 숫자가 9232까지 치솟는다.

이 간단한 문제를 처음 제안한 사람은 독일의 수학자 로타르 콜라츠Lothar Collatz(1910~1990)로 알려져 있다. 1930년대에 콜라츠는 함부르크 대학교의 학생이었다. 그는 에드문트 란다우Edmund Landau(1877~1938), 오스카 페론Oskar Perron(1880~1975), 이사이 슈어Issai Schur(1875~1941)의 강의에 영향을 받아 이 문제를 생각하게 되었다고 한다. 이 문제는 콜라츠가 1950년 미국에서 열린 세계수학자대회에서 여러 사람들에게 이야기하면서 알려졌다. 1960년대에 이 문제를 알게 된 일본 출신의 수학자 가쿠타니 시즈오角谷静夫(1911~2004)는 이 문제가 갖는 중독성과 어려움에 대해 이렇게 말했다. "한 달 정도 예일 대학교의 모든 사람들이 이 문제에 매달렸는데 아무런 결과가 없었지요. 비슷한 현상은 시카고 대학교에서도 있었어요. 혹자는 농담하기를 이 문제는 미국의 수학 연구력을 소진시키기 위해 고안된 음모일지도 모른다고 했답니다."

이처럼 어떤 한 수에서 시작해 어떤 정해진 반복된 과정을 거치며 생산되는 일련의 수를 수열이라고 한다. 수열은 아주 자연스러운 수학적 대상이고 많은 자연 현상에 등장한다. 이 장에서는 역사적으로 아주 유명한 수열을 소개하려고 한다. 영화 〈다 빈치 코드The Da Vinci Code〉(2006)에도 등장한, 어떤 의미에서 대중적인 이 수열은 앞 장에서 살펴보았던 황금 비율과 연관이 있다. 황금 비율은 기하학적으로 흥미로운 성질을 갖고 있지만 비율이 $\frac{1+\sqrt{5}}{2}$인 무리수이기에 실제로 구현하는 데 불편함이 있다. 예술가들과 건축가들의 입장에서는 정수비가 다루기 훨씬 쉽지만 정수비는 기하학적으로 크게 흥미롭지 않다. 이 장에서는 수열을 사용하여 황금 비율을 정수비로 근사하는 방법에 대해 살펴보고자 한다.

피보나치 수열
||||||||||||||||||||||||||||||||||||||

수열은 무리수를 근사하는 과정에서 자연스럽게 등장한다. 1장에서 살펴본 것처럼 고대 바빌로니아인도 2의 제곱근에 대한 근삿값을 사용했다. 이들은 2의 제곱근을 근사하는 알고리즘을 통해 일련의 유리수들을 얻을 수 있었고 이 유리수들은 2의 제곱근에 대한 더 좋은 근삿값을 제공했다.

13세기의 이탈리아 수학자 레오나르도 피보나치Leonardo Fibonaci(1170?~1250?)의 《산술서Liber Abaci》에는 다음과 같은 문제가 소개되어 있다.

> 한 남자가 토끼 한 쌍을 가지고 있다. 만약 다 자란 토끼가 매달 한 쌍의 토끼를 낳고 태어난 토끼의 쌍은 두 번째 달부터 새끼를 낳을 수 있다면 1년 후에는 토끼가 몇 마리가 될 것인가?

처음 5개월 간 토끼의 수가 늘어나는 과정을 표로 나타내면 다음과 같다.

		다 자란 토끼 한 쌍의 수
1월 1일	A	1
2월 1일	A B	1
3월 1일	A B A	2
4월 1일	A B A A B	3
5월 1일	A B A A B A B A	5

1월 1일부터 시작해 매달 1일 출산한다고 가정하자. A는 다 자란 토끼 한 쌍을, B는 새끼 한 쌍을 의미한다. 2월 1일에 태어난 B는 3월 1일에 A가 되고 4월 1일에 새끼 한 쌍을 낳는다. 표를 통해 토끼의 수가 늘어나는 규칙을 발견할 수 있다. 5월 1일에 다 자란 토끼 쌍의 수를 세어 보자. 첫 번째, 세 번째, 네 번째 A는 4월에도 A였다. 반면에 두 번째, 다섯 번째 A는 4월에는 B였다. 따라서 5월의 다 자란 토끼 쌍의 수는 4월에 다 자란 토끼 쌍의 수와 4월에 새끼였던 토끼 쌍의 수의 합이 된다. 한 가지 주목할 점은 4월에 새끼였던 토끼 쌍의 수는 3월에 다 자란 토끼 쌍의 수와 일치한다는 것이다. 그러므로 (5월의 다 자란 토끼 쌍의 수) = (4월의 다 자란 토끼 쌍의 수) + (3월의 다 자란 토끼 쌍의 수)가 된다. 일반적으로 F_n을 n번째 달의 다 자란 토끼 쌍의 수라 하면 다음이 성립한다.

$$\begin{cases} F_{n+2} = F_{n+1} + F_n \quad n \geq 1 \\ F_1 = 1, F_2 = 1 \end{cases}$$

이 점화식에서 생기는 수열을 피보나치 수열이라고 부른다. 피보나치 수열은 여러 가지 상황에서 자연스럽게 등장한다.

아파트에 색칠하기

피보나치 수열이 등장하는 간단한 문제를 생각해 보자. n개의 층으로 이루어진 집을 청색과 황색으로 칠하려고 한다. 각 층은 한 가지 색으로 칠하는데, 이웃한 두 개의 층을 모두 청색으로 칠할 수 없다고 하자. n개의 층으로 이루어진 집을 칠하는 방법은 몇 가지가 있겠는가?

n이 각각 1, 2, 3인 경우를 생각해 보자. $n = 1$인 경우는 두 가지 방법 밖에 없다. $n = 2$인 경우를 생각해 보자. 1층이 황색인 경우와 청색인 경우 두 가지뿐이므로 각각의 경우를 생각해 보자. 1층이 황색일 때는 2층은 황색과 청색 두 가지 다 가능하다. 1층이 청색일 때는 2층은 황색만 가능하다. 2층짜리 집을 칠하는 방법은 2 + 1 = 3, 즉 세 가지다. $n = 3$인 경우를 생각해 보자. 1층이 황색인 경우 나머지 2개 층을 칠하는 방법은 $n = 2$인 경우의 수, 즉 3이다. 왜냐하면 2층의 색은 제한이 없기 때문이다. 그러나 1층이 청색인 경우, 2층은 황색만 가능하다. 따라서 3층의 색만 정하면 된다. 이것은 결국 한 개 층을 색칠하는 방법의 수, 즉 $n = 1$인 경우의 수가 된다. 따라서 $n = 3$인 경우 칠하는 방법의 수는 ($n = 2$인 경우 색칠하는 방법의 수) + ($n = 1$인 경우의 색칠하는 방법의 수) = 3 + 2 = 5다.

여기서 주목할 점은 색칠하는 방법의 수가 피보나치 수열의 점화식을 만족한다는 것이다. 따라서 n개의 층으로 이루어진 집을 칠하는 방법은 n번째 피보나치 수열 F_n이다.

피보나치 사각형의 분할

피보나치 사각형은 황금사각형처럼 흥미로운 분할을 허용한다. 가로세로의 길이가 두 이웃하는 피보나치수가 되는 사각형을 피보나치 사각형이라 하자. 즉 3×2, 5×3, 8×5의 사각형이 피보나치 사각형이다.

21×13의 피보나치 사각형을 분할해 보자. 내부에 정사각형이 생기도록 분할하면 13×13의 사각형과 13×8의 사각형으로 분할된다. 여기서 13

×8은 다시 피보나치 사각형이 된다. 같은 분할의 과정을 반복하면 여섯 번 만에 1×1의 피보나치 사각형에서 분할의 과정이 멈춘다. 이 분할의 과정을 산술적으로 표현한다면 다음과 같다. 21×13의 피보나치 사각형을 분할해 보자. 내부에 정사각형이 생기도록 분할하면 13×13의 사각형과 13×8의 사각형으로 분할된다. 여기서 13×8은 다시 피보나치 사각형이 된다. 같은 과정을 반복하면 여섯 번 만에 1×1의 피보나치 사각형에서 분할이 멈춘다. 이 분할 과정을 산술적으로 표현하면 다음과 같다.

$$1^2 + 1^2 = 1 \times 2$$
$$1^2 + 1^2 + 2^2 = 2 \times 3$$
$$1^2 + 1^2 + 2^2 + 3^2 = 3 \times 5$$

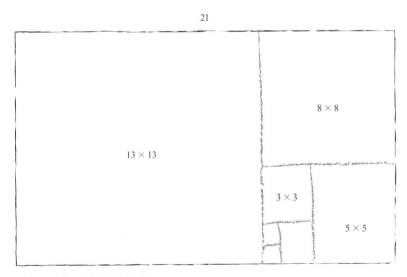

21

그림 5-1 피보나치 사각형의 분할.

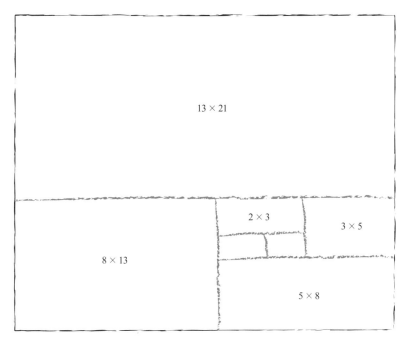

그림 5-2 정사각형의 피보나치 사각형으로의 분할.

$$F_1^2 + \cdots + F_n^2 = F_n F_{n+1}$$

피보나치 사각형을 여러 개의 정사각형으로 분할할 수 있지만 반대로 피보나치 수를 길이로 갖는 정사각형을 피보나치 사각형으로 분할할 수 있다. 가령 21 × 21의 정사각형은 다음과 같이 피보나치 사각형으로 분할된다. 이 분할 관계는 산술식으로 다음과 같이 표현할 수가 있다.

$$F_1 F_2 + F_2 F_3 + \cdots + F_n F_{n+1} = F_{n+1}^2 \ (n\text{이 홀수일 때})$$
$$F_1 F_2 + F_2 F_3 + \cdots + F_n F_{n+1} = F_{n+1}^2 - 1 \ (n\text{이 짝수일 때})$$

피보나치 수열과 황금 비율

피보나치 수로 비를 이루는 직사각형이 정사각형과 더 작은 피보나치 사각형으로 계속해서 분할되는 것을 살펴보았다. 이는 우리에게 황금사각형의 분할을 연상시킨다. 피보나치 수열과 황금 비율 사이에 어떤 관계가 있는 것은 아닐까? 간단한 실험을 해 보자. 두 개의 이웃하는 피보나치 수들의 비를 취해 보면 다음과 같다.

3/2=1.5, 5/3=1.67, 8/5=1.6, 13/8=1.625, 21/13=1.615384

34/21=1.6190476, 55/34=1.617647059, 89/55=1.6181818

피보나치 수가 점점 커질수록 어떤 수에 근접해 가는데, 그 수가 황금 비율 $\frac{1+\sqrt{5}}{2} \approx 1.618039$에 근접해 가는 것을 볼 수 있다. 기하학적으로 본다면 점점 더 큰 피보나치 사각형은 황금사각형에 상당히 가깝다. 어째서 이런 관계가 성립하는 것일까? 피보나치 수열의 관계식을 상기해 보자. 세 이웃하는 피보나치 수 사이의 관계는

$$F_{n+2} = F_{n+1} + F_n$$

으로 정의된다. 이제 양변을 가운데 피보나치 수 F_{n+1}로 나누어 보면

$$\frac{F_{n+2}}{F_{n+1}} = 1 + \frac{F_n}{F_{n+1}}$$

과 같다. 만약 두 이웃하는 피보나치 수의 비가 어떤 값 x로 수렴한다면, 다

시 말해 F_2/F_1, F_3/F_2, F_4/F_3, F_5/F_4, $F_6/F_5\cdots$가 점점 어떤 수 x에 가까워진다면 위의 식은

$$x=1+\frac{1}{x}$$

이 될 것이다. 이는 다름 아닌 4장에서 정의했던 황금 비율이며 이 2차방정식의 양수의 해는 $x=\dfrac{1+\sqrt{5}}{2}$다.

피보나치 수와 〈비트루비우스의 인간〉

4장에서 살펴보았듯이 르네상스 건축가들은 건축물의 부분과 부분, 부분과 전체의 적당한 수학적 비례를 구현하는 것에 큰 관심을 가졌다. 당시 건축가들은 고대 로마의 건축가 비트루비우스의 《건축론》에 큰 영향을 받았다. 비트루비우스는 건축물에 적용해야 할 조화로운 비례가 인체의 비례와 어떻게 조화를 이루어야 하는지를 《건축론》 3권 1장에서 다음과 같이 말한다.

> 인체의 아름다움은 자연적으로 다음과 같이 형성되었다. 얼굴을 먼저 살펴보면, 턱부터 이마의 꼭대기까지는 신체 길이의 1/10이며, 턱부터 머리 꼭대기까지는 신체 길이의 1/8이다. 가슴 윗부분부터 이마의 꼭대기까지는 1/6이고, 머리 꼭대기까지는 1/4이다. 턱부터 콧구멍의 아랫부분까지, 콧구멍의 아랫부분부터 눈썹의 중간까지는 얼굴 길이의 1/3이다 …… 발의 길이는 신체 길이의 1/6이며, 팔의 아랫부분은 1/4, 가슴 폭은 1/4이다 ……

신전의 각 부분들도 서로 잘 맞아야 하고, 부분과 전체도 마찬가지다. 배꼽은 자연적으로 인체의 중앙에 있다. 만약 사람이 얼굴을 위로 하고 팔과 다리를 펼치고 누워 있다면, 배꼽을 중심으로 하는 원에 내접한다. 원뿐만 아니라 정사각형으로도 인체를 둘러쌀 수 있다. 발부터 머리 꼭대기까지 길이는 양팔을 완전히 펼쳤을 때 길이와 같다. 두 개의 선은 서로 수직이므로 정사각형을 이룬다.

비트루비우스가 신전 건축의 원리를 이야기하다가 갑자기 인체의 비례를 말한 이유는 무엇일까? 신전을 완벽하게 건축하기 위해서는 우선 우주를 관조해야 한다고 여겼다. 하지만 광대한 우주를 이해하기에는 당시 지식으로는(물론 현재도 그렇지만) 한계가 있었다. 고대 그리스와 로마의 철학자들은 인간의 몸이 우주의 축소판이라고 보았다. 이 관념에 따라 비트루비우스는 우주의 축소판인 인간의 몸에 나타난 균형을 연구해 신전 건축의 원리로 삼으려 했다. 5세기 로마의 저술가 암브로시우스 테오도시우스 마크로비우스Ambrosius Theodosius Marcrobius는 《스키피오의 꿈에 대한 주석 Commetarii in Somnium Scipionis》에서 "세계는 크게 나타난 인간이고 인간은 작게 나타난 세계다"라고 하였다.

이 관념은 중세에 '호모 콰드라투스homo quadratus'라는 산술적 이론으로 발전하게 된다. 고대 그리스인들의 주장에 따르면 우주는 불, 흙, 물, 공기라는 네 가지 원소로 이루어져 있다. 인간이 양팔을 벌린 상태의 너비는 인간의 키와 같아서 정사각형을 이룬다. 4는 도덕적인 완성의 수다. 플라톤은 《국가Politeiä》에서 절제, 정의, 용기, 지혜의 네 가지 미덕을 이야기했다. 사각형과 더불어 원 또한 우주를 상징한다. 고대 그리스인들은 태양과 달의 모양에서 따온 원이나 구에 근거한 우주의 모형을 만들었다. 플라톤은 《티마이오스》에서 우주의 몸체는 완전한 구이며 이 몸체는 우주의 영혼에 의해 움직이는데 이 영혼 전체는 하나의 구 안에 들어 있다고 했다. 그는 우주와 인간의 몸 사이의 관계에 대해 다음과 같이 말했다.

> 신들은 구형인 우주의 형태를 모방하여 두 가지로 구성된 신적인 회전▲을 구형체 속에 묶어 넣었는데, 이 구형체는 우리가 지금 머리라 일컫는 것으로서 가장 신적인 것이고 우리에게 있는 모든 것에 대해 주인 노릇을 하는 것입니다.

이후 아리스토텔레스는 지구라는 구와 운동하는 동심원상에 놓인 여러 개의 구로 우주를 설명했다.

르네상스 시기로 넘어와 알베르티 같은 건축가는 비트루비우스의 카논을 좀 더 세분화하고 정교화하기 위해 노력했다. 화가로서 인체의 비례에 관심을 갖고 있던 다 빈치도 비트루비우스의 카논에 관심을 갖게 되었다. 그의 유명한 스케치 〈비트루비우스의 인간〉은 《건축론》 3권 1장의 카논을 구현한다. 〈비트루비우스의 인간〉의 얼굴(그림 5-4)을 보면 비트루비우스가 제시한 비율을 따르고 있음을 볼 수 있다. 비트루비우스는 고대 그리스인들이 생각했던 기하학, 즉 직선(자)과 원(컴퍼스)을 기본 도형으로 하여 기하학의 모든 체계를 건설한다는 이상을 통해 인체의 미를 보았다. 또 그는 그것이 건축미의 근간이 되어야 한다고 주장했다. 이를 시각적으로 명확하게 보여 주는 것이 〈비트루비우스의 인간〉이다.

《신성 비례론》을 쓴 수도사이자 수학자 루카 파치올리를 통해 레오나

▲ 인간 혼의 이성적 부분을 구성하는 동일성과 타자성의 두 원을 의미한다.

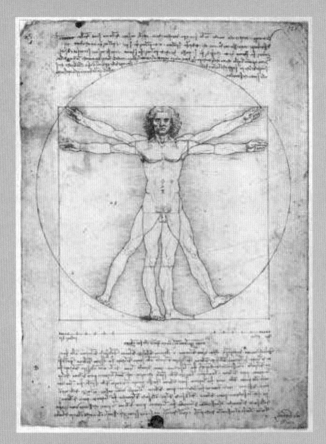

그림 5-3 레오나르도 다 빈치의 〈비트루비우스의 인간〉.

그림 5-4 레오나르도 다 빈치의 〈비트루비우스의 인간〉에서 얼굴 부분.

다 빈치와 〈비트루비우스의 인간〉

다 빈치는 왜 〈비트루비우스의 인간〉을 그렸을까? 토비 레스터Toby Lester는 《다 빈치, 비트루비우스 인간을 그리다Da Vinci's Ghost》에서 이 한 장의 스케치에 상상 이상의 풍성한 역사와 이야기가 있다는 것을 흥미롭게 보여 준다. 밀라노 시절 다 빈치의 후견인인 스포르차 공작은 오랫동안 방치된 밀라노 대성당의 돔을 재건하는 데 몰두했다. 스포르차 공작의 관심을 끌기 위해 다 빈치는 돔 설계자를 찾는 공모를 통해 건축에 발을 들여 놓게 된다.

　　진지하고 배움에 대한 정열이 넘쳤던 다 빈치는 당대의 유명 건축가 프란체스코 디 조르조 마르티니Francesco di Giorgio Martini (1439~1501)를 통해 비트루비우스와 알베르티의 저작을 알게 되었다. 비트루비우스의 《건축론》은 삽화가 없는 것으로 유명하다. 이는 그림이 지식의 본질을 오도한다는 믿음 때문이었다. 그러나 르네상스 시기의 이탈리아 건축가들과 공학자들의 생각은 그 반대였다. 잘 그려진 그림이 오히려 말하고자 하는 복잡한 내용의 이해를 돕는다고 믿었다. 공방에서 화가로 훈련 받은 다 빈치 역시 그림으로 세상을 보는 것이 더 편한 사람이었다. 그의 〈비트루비우스의 인간〉은 르네상스 건축 철학의 핵심을 시각화하려는 노력의 산물이라고 볼 수 있다.

르도 다 빈치는 황금 비율을 비롯한 유클리드 기하학을 접했을 것으로 추정된다. 파치올리는 수학자이자 화가인 피에로 델라 프란체스카Piero della Francesca(1416?~1492)에게서 기호학을 배웠다. 실제로 다 빈치는 파치올리의 《신성 비례론》에 기하학적 모형의 삽화를 그려 주기도 했다. 그러나 다 빈치가 수학을 통하여 이상적인 인체의 비를 추구했다고 말하기는 어렵다. 오히려 다양한 신체를 관찰하여 얻은 경험을 종합해 나름의 이상적인 인체

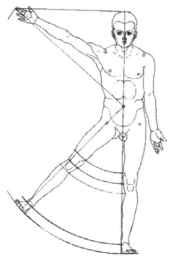

그림 5 - 5 알브레히트 뒤러의 〈비트루비우 스의 인간〉.

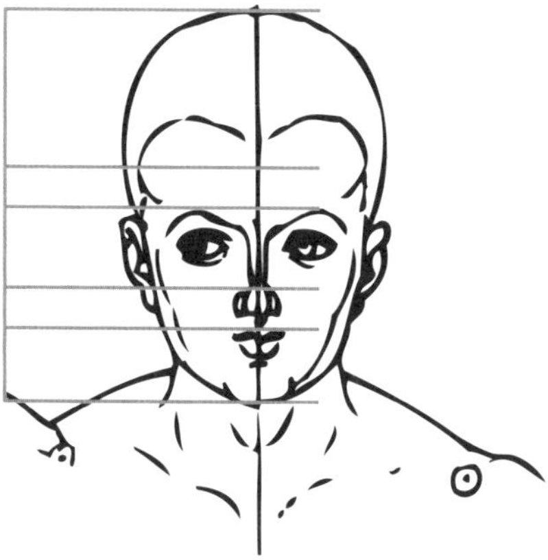

그림 5 - 6 알브레히트 뒤러의 〈비트루비우스의 인 간〉에서 얼굴 부분.

의 비례를 추구했다고 보는 것이 정확하다.

르네상스 시대의 중요한 화가인 알브레히트 뒤러Albrecht Dürer(1471~ 1528)는 이탈리아를 방문하는 동안 다 빈치와 알베르티에게 인체 비례법을 배운다. 뒤러의 〈비트루비우스의 인간〉도 비트루비우스의 카논을 따라 원 과 정사각형을 이용해 인체의 비례를 표현했다. 다 빈치의 〈비트루비우스 의 인간〉과의 차이는 얼굴의 비례에 있다. 뒤러의 그림은 비트루비우스에 따른 얼굴의 3분할을 지키고 있지 않음을 볼 수 있다(그림 5 - 6).▲

▲ 이에 대해서 뒤러가 다른 유형의 얼굴을 그리고 있고 특별히 인물의 목이 짧다는 지적이 있다. 뒤러의 〈비트루비우스의 인간〉은 정면도라기보다는 인물의 상체가 앞으로 기울어 그 얼굴을 약간 위에서 바라보았을 때의 그림이라고 추정된다. 그 근거로 정면도라면 목 뒤로 감추어진 등 선 위에 턱의 아래선이 있어야 하는데, 뒤러의 경우는 턱의 아래선이 등 선보다 아래에 있다. 다 빈치의 경우

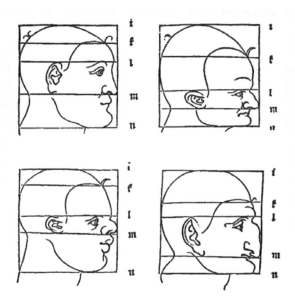

그림 5-7 알브레히트 뒤러의 머리 측면 비례에 대한 연구.

뒤러는 《인체 비례에 관한 4서Vier Bücher von menschlicher Proportion》를 쓰면서 인체 비례를 치밀하게 연구했다. 이 책을 보면, 그가 처음에 가졌던 비트루비우스와 알베르티의 이상적인 인체비에서 다양한 인체비로 관심이 바뀌는 것을 알 수 있다. 네 가지 얼굴의 측면 비례를 연구한 스케치(그림 5-7)를 보면 뒤러가 다양한 비례의 얼굴에 관심이 있고 각각 미학적으로 의미가 있다고 생각한 것을 알 수 있다.

와 비교해 보면 이 점이 자명해진다.

르 코르뷔지에의 모듈러

|||||||||||||||||||||||||||||||||||||||||||||||||||||||||||||||||

알브레히트 뒤러 이후로 회화에서는 폴리클레이토스-비트루비우스-알베르티식의 인체 비례에 대한 카논이 쇠퇴하지만 건축에서는 비례가 여전히 중요한 문제로 남는다. 비트루비우스가 《건축론》에서 설명한 인체의 비례와 건축의 비례의 조화는 20세기의 중요한 건축가 르 코르뷔지에Le Corbusier(1887~1965)를 통해 다시 주목을 받는다. 산업화 시대에 프랑스 정부는 주택을 대량으로 확보하고자 했다. 이를 위해서는 주택을 대량 생산하기 위한 일종의 규격이 필요했다. 프랑스국립표준원AFNOR은 이를 르 코르뷔지에게 의뢰했다. 르 코르뷔지에는 처음부터 수학에 관심이 있거나 정통한 사람은 아니었다. 그는 저서 《모듈러The Modular》에서 수학의 눈으로 건축을 바라보게 된 과정을 다음과 같이 말한다.

> 스물세 살이었을 때 내가 건축하고 있던 집의 정면도를 그리고 있었다. 그때 한 가지 의문이 떠올랐다. 만물에 질서를 부여하고 서로를 연결시키는 규칙이 무엇일까? 나는 기하학적인 문제에 부딪혔다 …… 하루는 파리에 있는 작은 방의 테이블에 놓인 그림 엽서에서 미켈란젤로의 캐피톨▲ 사진을 보게 되었다. 나는 캐피톨의 정면에 직관적으로 직각을 투영시켰다. 갑자기 다음의 익숙한 진리가 새롭게 다가왔다. 직각이 구성을 지배한다 …… 여행 중에 반복해서 발견하는 것이 있었다. 원시적이든 또는 고도로 정교하든 모든 조화로운 건축물은 바닥에서 천장까지 높이가 210에서 220㎝가 된다는 것이었다. 남자가 팔을 위로 뻗었을 때의 높이 …… 나는 음악가

▲   고대 로마의 주피터 신전.

집안 출신이다. 나는 악보도 읽을 줄 모른다. 그러나 나는 음악가였고, 음악이 어떻게 만들어지는지 알며, 음악에 대해 말하고 판단할 수 있었다. 건축처럼 음악은 시간과 공간이다. 음악과 건축은 모두 계측의 문제다 …… 자연과 예술에서의 비례와 황금수에 대한 마틸라 기카Matila Ghyka▲의 책이 나왔을 때 나는 그 책의 수학적 논지를 따라갈 수 있을 정도는 아니었다. 그러나 그 논지들 가운데 핵심적으로 고려된 대상인 그림들의 의미를 즉시 이해할 수 있었다. 하루는 안드레아스 슈페이저Andreas Speiser▲▲ 교수가 이집트 장식, 바흐, 베토벤에 대해 수학적으로 논의한 원고를 보여 주었다. 나는 그에게 말하길 "수학이 자연을 잘 설명하고 위대한 예술 작품들이 자연과 조화를 이룬다는 것에 동의합니다. 그 작품들은 자연의 법칙을 표현하고 그 작품들 자체도 그 법칙에서 나왔습니다. 결과적으로 그 작품들도 수학의 규칙들을 따릅니다. …… 어떤 특정한 (이집트의) 장식의 배열을 볼 때 그러한 장식이 불가피하다고 봅니다. 그 문양은 하나의 해법으로 이해할 수 있는데 기하학 자체가 그 해법의 열쇠가 됩니다. 그 열쇠는 인간 안에 있는, 동시에 자연의 법칙 안에 있는, 기하학의 정신이 정한 조건을 따릅니다." …… 공간을 점유하는 것은 생명체, 즉 인간, 짐승, 식물, 구름의 첫 번째 제스처이며 평형과 지속성의 근본적인 선언이다. 존재의 첫 번째 증명은 공간의 점유다 …… 건축, 조각, 회화는 정의상 공간을 근거로 하며, 공간을 통해서 드러날 수밖에 없는 필요에 묶여 있다. 내가 말하고 싶은 핵심은 미학적 감정의 핵심은 공간의 기능이라는 것이다 …… 건축은 표준에 근거한

▲　마틸라 기카는 루마니아 출신의 직업 외교관이다. 르 코르뷔지에가 언급하는 책은 *Le nombre d'or. Rites et rythmes pythagoriciens dans le development de la civilisation occidentale*(1931)이다.

▲▲　안드레아스 슈페이저(1885~1970)는 스위스의 수학자이자 과학철학자다.

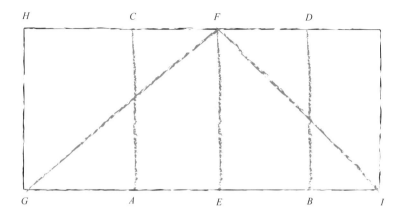

그림 5-8 모듈러 기본 3분할 사각형.

과정이다. 표준은 논리와 분석과 철저한 연구의 산물이다. 표준은 잘 기술된 문제에 기초해 발전된다. 그러나 마지막 분석에서 표준은 실험을 통해 세워진다.

르 코르뷔지에는 모듈러modular를 다음과 같이 정의한다.

모듈러는 인체와 수학에 기초한 측정 도구다. 팔을 위로 뻗은 남자는 공간을 점유하는 결정점 — 발, 명치, 머리, 위로 뻗은 손의 손가락 끝 — 에서 세 구간을 제공하는데, 이는 피보나치 수열이라 부르는 일련의 황금 분할을 이룬다.

모듈러는 인체의 비례에 기초한 표준적인 측정 시스템으로, 건축 및 기계와 설계의 인간과 조화가 이루어지도록 하는 표준을 제시하는 것이 그

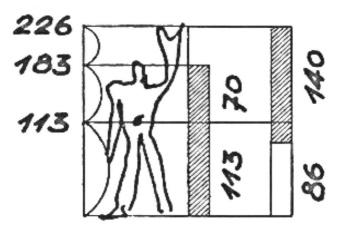

그림 5-9 모듈러-황금 분할.

목적이다.

모듈러의 구성은 하나의 정사각형과 위, 아래에 추가한 두 개의 사각형으로 이루어져 있다. 이 세 사각형에 적당한 분할을 줌으로써 팔을 위로 뻗은 남자를 분할하는 틀을 만드는 것이 목적이다. 먼저 정사각형 ABCD를 그리고 변 AB의 중점 E를 중심으로 하고 대각선 CE를 반지름으로 하는 호를 그려서 변 AB의 연장선과 만나는 점을 G라고 한다. 변 AB와 변 AG는 황금 분할을 이룬다. 이제 선분 AB를 반대 방향으로 I까지 연장하여 대각선 GF와 FI가 직각을 이루게 한다. 삼각형 GEF와 삼각형 EFI가 닮은 삼각형이 되도록, 즉 EG/EF = EF/EI가 되도록 I를 선택하면 된다.

르 코르뷔지에가 기준으로 삼은 남자의 키는 183cm다. 183을 황금 분할하면 183 = 113 + 70이 된다. 그림 5-8의 사각형에서 정사각형 ABCD의 한 변을 113으로 잡으면 GA = 70이 되고 BI = 43이 된다. 따라서 남자가 팔을 위로 뻗었을 때 발부터 손가락 끝까지 길이는 226cm가 된

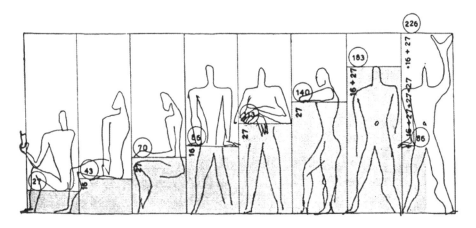

그림 5 - 10 모듈러 - 피보나치 수.

다. 발부터 113cm되는 점은 전체 사각형의 중점이고 남자의 명치를 지난다. 발부터 70cm되는 점은 팔걸이 의자에 앉았을 때 팔걸이의 높이가 된다. 70을 다시 황금 분할하면 70 = 43 + 27이 되는데, 43cm는 의자 좌석의 높이가 된다. 이 수치들로부터 일련의 피보나치 수열 유형의 수열 27, 43, 70, 113, 183을 얻게 된다. 반면에 전체 길이 226을 위에서부터 황금 분할하면 226 = 140 + 86이 된다. 86은 서서 팔로 짚었을 때의 바닥부터 손바닥까지 높이가 된다. 이 수치들은 가령 아파트의 주방 가구들을 설계할 때 참조할 수 있는 숫자다. 실제로 모듈러에는 이 수치들을 따른 주방 가구의 설계가 제시되어 있다.

르 코르뷔지에의 모듈러는 표준에 대한 하나의 이론으로 끝나지 않고 건축 설계에 적용되었다. 대표적인 작품이 1947년에 시작해 1952년에 준공된 프랑스 마르세이유의 주거 단위Unite d'Habitation다. 주거 단위는 당시 주택난을 겪고 있던 도시의 주거 문제를 해결하기 위해 시도된 대규모 공동

그림 5-11 모듈러를 적용한 프랑스 마르세이유의 주거 단위.

주택이다. 이는 2차 세계 대전 이후 건축된 건축물 중 가장 영향력 있는 것으로 평가받으며 오늘날 고층 아파트의 건축에도 널리 응용되고 있다.

수학에서의 아름다움

예술가만이 아름다움을 추구하는 것은 아니다. 인도의 수학자 스리니바사 라마누잔Srinivasa Ramanujan(1887~1920)과의 연구로 유명한 영국 수학자 고드프리 하디Godfrey Hardy(1877~1947)는 "이 세상에 추한 수학을 위한 자리는 어디에도 없다"고 했다. 독일 수학자 헤르만 바일Hermann Weyl(1885~1955)은 "나는 항상 수학에서 진리와 미를 결합하려고 노력해 왔다. 만약 둘 중 하나를 선택해야 한다면 나는 항상 미를 선택한다"고 하기도 했다. 노벨물리학상 수상자인 영국의 물리학자 폴 디랙Paul Dirac(1902~1984)은 "누군가 방정식을 만들었다면 그것이 실험과 잘 맞는가보다 그것이 아름다운가가 더욱 중요하다"라고 했다. 어느 시대를 막론하고 당대 최고의 수학자들과 물리학자들이 추구한 것은 아름다움, 즉 '미'였다.

수학에서 말하는 미를 설명하기 위해 음악에서의 미적 경험과 비교해 보자. 음악은 무의식적인 정신의 언어다. 음악에서 무의식은 명료한 것으로 바뀐다. 수학과 음악 모두 아름다움이 기본 요소는 아니다. 이는 여러 구성 요소의 결합으로 나타난다. 이들이 고립되었을 때는 아름답지 않다. 이들은 무의식을 깨워 의식 수준에서 감정을 고취시킨다. 수학과 음악 모두 긴장과 이완의 반복이라는 미적 특징을 공유한다. 어떤 정리의 증명을 읽을 때 우리는 당혹과 깨달음의 반복을 경험한다. 혼돈 가운데 질서가 태어나고 여러 가지 것들이 하나로 모인다. 이것이 미적 감수성을 자극한다. 또 다른 미적 공통점은 예기치 않은 것에 대한 놀라움이다. 피보나치 수열이 황금 비율과 연결된다는 것은 예기치 않았던 결과다. 익숙한 음의 전개도 즐거움을 주지만 음악적 반전도 아름다움을 느끼게 해 준다. 예상치 못한 관계에 대한 인식 또한 그런 공통점 중 하나다. 유명한 가우스-보네 정리는 곡면의 곡률에 대한 정보와 곡면 전체에 대

한 위상적 정보 사이의 예상치 못한 관계를 보여 주었다.

하디는 예술과 수학의 공통점을 이렇게 표현했다. "화가나 시인처럼 수학자는 패턴을 만드는 사람이다. 그의 패턴은 그들 자신보다 영속적이다. 이는 그 패턴이 아이디어의 결과이기 때문이다. 수학자의 패턴은 화가나 시인의 패턴처럼 아름다워야 한다. 색채나 단어처럼 아이디어는 조화로운 방식으로 서로 잘 들어맞아야 한다."

6

시각의 기하학

17세기 스페인의 화가 디에고 벨라스케스Diego Velazquez(1599~1660)의 그림
〈시녀들Las Meninas〉은 서양 미술사에서 가장 중요한 작품 중 하나로 손꼽
힌다. 이 그림만큼 여러 미술학자뿐만 아니라 철학자들에 의해 많은 분석
이 이루어지고 후대 화가들에게 영감을 준 작품도 드물다.

　〈시녀들〉의 무대는 스페인의 통치자 펠리페 4세의 알카사르 궁전이다.
그림 한복판의 아름다운 소녀는 펠리페 4세의 황녀 마르가리타다. 황녀의
양옆에는 시녀들이 있다. 왼쪽에 서서 관람자를 바라보는 사람은 화가 자신
이다. 시선을 그림의 뒤쪽으로 가져가면 부부의 초상화 같은 것이 벽에 걸
려 있는데, 사실은 거울에 비친 왕과 왕비다. 그렇다면 그림의 전경에 서 있
는 사람들은 모두 그림의 관람자 위치쯤에 서 있는 왕과 왕비를 보고 있는
셈이다. 왕과 왕비도 그들을 보고 있다. 왕 부부의 초상화를 그리고 있는 화
실을 마르가리타 공주가 방문한 광경일 수도 있고 그 반대일 수도 있다.

　그림은 앞이 제일 밝고 뒤로 갈수록 점점 어두워지다가 또 다른 빛의
원천과 만난다. 전경을 비추는 빛은 오른쪽의 창에서 들어오는 것 같다. 방

그림 6-1 디에고 벨라스케스의 〈시녀들〉.

은 천장이 상당히 높으며 벨라스케스는 빛의 미묘한 변화를 활용해 풍성한 공간감을 창출했다. 거리적으로는 가장 먼 곳에 있지만 시선이 모아지는 지점에 한 남자가 서 있다. 문을 연 채로 계단에 서 있는 그는 왕비의 시종 호세 니에토 벨라스케스다. 여러 인물이 배치되어 있지만 그림은 안정감과 통일감을 갖고 있다.

바로크 시대를 대표하는 화가 벨라스케스는 1599년 스페인 안달루시아 지방의 세비야에서 태어났다. 스물세 살 되던 해에 마드리드로 옮기기 전까지는 고향에서 화가 수업을 받고 화가로 활동했다. 초기에는 바로크 양식을 개척한 화가 미켈란젤로 메르시 다 카라바지오Michelangelo Merisi da Caravaggio(1571~1610)의 영향을 많이 받아서 선술집을 배경으로 한 서민들의 모습을 세밀하게 그리는 데 재능을 보였다. 마드리드로 옮긴 후에는 펠리페 4세의 궁정 화가로 일했다. 초상화가로 유명했던 벨라스케스는 펠리페 4세와 여러 왕족 및 귀족들의 초상화를 많이 그렸다.

당시 스페인의 국력은 예전 같지 않았다. 펠리페 4세의 할아버지 펠리페 2세의 무적 함대가 엘리자베스 1세 여왕이 후원하는 영국과 네덜란드의 연합 함대에 격파당한 후로 서서히 유럽에 대한 지배권을 잃어 가던 시기였다. 이후 오랜 식민지였던 네덜란드의 독립과 신교도와 구교도 사이에 벌어진 30년 전쟁의 영향으로 유럽 무대에서 스페인의 권력은 상당히 후퇴한 상태였다. 이런 상황에서 펠리페 4세는 보좌관 올리바레스에게 정치를 맡겨 놓은 채, 예술가와 예술품을 후원하는 일에 시간을 많이 보냈다.

벨라스케스는 일생 동안 이탈리아를 두 번 방문할 기회가 있었다. 첫 번째는 서른 살 때였고 1년 반을 머물렀다. 그는 그곳에서 틴토레토 Tintoretto(1519~1594)나 티치아노 베첼리오Tiziano Vecellio(1490?~1576) 같은 베네치아 대가들의 그림에서 영향을 받았다. 특히 르네상스를 이끈 틴토레토는 강렬한 색채와 드라마틱한 제스처, 원근법의 사용으로 유명했다. 벨라스케스의 초상화에서 이들의 영향을 엿볼 수 있다. 그의 초상화는 고도로 사실적이며 대상의 특성을 여과 없이 드러낸다. 이전 시대의 초상화가 전통적인 가치를 표현하는 것을 중요하게 여겼다면 그의 그림은 빛과 색이라는 순수 회화적 요소를 강조했다. 벨라스케스의 초상화는 사실적이고 인물의 성격을 적나라하게 드러냈다.

벨라스케스는 쉰 살에 이탈리아를 두 번째 방문하게 되는데, 이때 천장 장식을 하는 화가들을 알게 된다. 마드리드로 돌아온 그는 그들을 초청해 일을 맡겼다. 이들은 원근법을 아주 잘 아는 사람들이었다. 벨라스케스가 〈시녀들〉에 사용한 원근법은 16세기를 지나면서 이탈리아에서 이미 확고하게 정착된 기법이었다.

벨라스케스가 일했던 마드리드의 알카사르 궁전에는 장서 154권을 보유한 도서관이 있었다. 아마도 벨라스케스에게 영향을 주었을 법한 흥미로운 책들을 이 도서관에서 볼 수 있다. 파치올리의 《산술 요약》, 뒤러의 《인체의 비례에 관한 4서》, 세를리오의 《건축론》, 유클리드의 《원론》과 《광학론》, 다니엘레 바르바로Daniele Barbaro(1514~1570)▲의 《원근법》, 레온 바티스타 알베르티의 《회화론》, 레오나르도 다 빈치의 《회화론》 등이 그러한 책들이다. 르네상스를 거치면서 확립된 예술론과 다양한 회화 기법을 벨라스케스는 충분히 알고 있었다.

벨라스케스가 일생을 마치기 직전의 작품인 〈시녀들〉은 우리에게 본다는 것의 의미를 생각해 보게 한다. 화가와 그림의 주인공은 왕과 왕비를 보고 있지만 동시에 관람자인 우리를 보고 있다. 왕과 왕비는 방에 있는 모든 사람들, 가까이 있는 공주부터 계단에 서 있는 시종까지 모두를 보고 있다. 동시에 관람자는 거울에 비친 그들을 보고 있다. 왕과 왕비는 동시에 자신의 이미지까지 보고 있었을까? 이 장에서는 벨라스케스가 공간감을 만들 수 있게 해 준 기법에 대해 이야기할 것이다. 이 이야기는 유클리드까지 거슬러 올라간다.

▲ 다니엘레 바르바로는 베네치아 공화국의 외교관이자 추기경이다. 아리스토텔레스 학자이기도 한 그는 《비트루비우스》의 새로운 주해를 단 번역서를 내기도 했다.

원근법의 탄생

르네상스는 건축뿐 아니라 회화에 있어서도 지향점과 방법에서 중세와 큰 차이를 보인 시기였다. 중세의 회화는 메시지를 전달하는 기능이 강했기 때문에 화면에 인물이나 배경을 배치할 때도 이야기를 전달하는 데 초점을 맞추었다. 눈에 보이는 장면을 재현하는 것은 중세 화가들의 주된 관심이 아니었기에 현대의 관람자들은 중세의 회화를 보았을 때 시각적으로 비현실성을 느낄 수 있다. 르네상스 회화는 눈에 보이는 장면을 재현하는 것에 관심이 있었다. 그렇게 하기 위해서는 피사체가 놓인 3차원 공간을 표현하는 방법이 필요했다. 어떻게 화가들이 원근법을 발견하게 되었는지는 당시 회화법에 대한 문헌이 남아 있지 않기 때문에 추정할 수밖에 없다. 예술사 연구자들은 14세기의 화가들이 시행착오를 거듭하면서 경험적으로 하나의 방법을 발견했을 것으로 본다.

원근법을 시도한 14세기의 대표적 화가는 이탈리아 플로렌스 출신의 화가 지오토 디 본도네Giotto di Bondone(1266~1337)다. 지오토는 중세를 지배했던 비잔틴 양식과 결별하고 르네상스 양식을 시작한 최초의 예술가로 평가받는다. 그는 프레스코 회화의 명인이었다. 지오토는 주로 성인들을 그렸는데, 그들의 인간적인 감정을 마치 살아 있는 것처럼 표현했다. 그의 대표작 중 하나인 〈애도Lamentation〉를 보면 십자가에서 죽은 예수를 둘러싼 사람들의 다양한 슬픔을 생생하게 표현한 것을 볼 수 있다.

원근법을 사용한 지오토의 대표적인 작품으로 플로렌스의 산타 크로체Santa Croce 바르디Bardi 채플▲에 그린 프레스코 〈성 프란체스코의 규율

▲ 채플은 그리스도교의 예배당 혹은 예배실을 말하며, 궁전, 성, 저택, 수도원, 학교, 묘지 등의

의 승인〉을 들 수 있다. 지오토에게 프레스코를 의뢰한 리돌포 디 바르디 Ridolfo di Bardi는 아버지로부터 많은 재산을 상속받은 은행가였다. 바르디의 가족 채플은 아시시의 성 프란체스코에게 봉헌되었다. 1325년경 완성된 것으로 추정되는 프레스코는 성 프란체스코의 일생을 일곱 장면으로 나누어 묘사했다. 이 중 세 개는 심각하게 손상을 입었고 현재 나머지 네 작품만을 볼 수 있다. 〈성 프란체스코의 규율의 승인〉은 프란체스코가 그의 첫 제자들과 공유한 규칙을 교회로부터 인정받기 위해 교황 이노센트 3세를 만나는 장면을 그렸다. 당시 교회로부터 인정받지 않은 규칙을 따를 때는 박해를 받을 수도 있었다. 교황은 프란체스코와 그의 11명 제자들을 만나는 것을 달가워하지 않았는데, 꿈속에서 성 요한 성당을 받치고 있는 프란체스코를 보고 나서 그들을 만나 규칙을 승인했다고 한다.

프란체스코의 제자들과 교황과의 만남을 포착하기 위해 지오토는 원근법을 어떻게 사용하고 있는 것일까?

1. 눈높이 위에 있는 선과 면들은 관찰자로부터 멀어지면서 아래로 기울어져야 한다.
2. 눈높이 아래에 있는 선과 면들은 관찰자로부터 멀어지면서 위로 향해서 기울어져야 한다.
3. 왼쪽에 있는 선과 면들은 안으로 향하면서 오른쪽으로 기울어진다.
4. 오른쪽에 있는 선과 면들은 안으로 향하면서 왼쪽으로 기울어진다.

그림에서 천장의 평행선 중 화면과 수직인 것들을 연장해 보면 아래(앉

주 건물의 일부로, 제단을 갖추어 놓은 장소다.

그림 6-2 지오토의 〈성 프란체스코의 규율의 승인〉.

아 있는 수도사들 중 가장 왼쪽의 그룹)로 모인다. 여기서 단순히 첫 번째의 원칙뿐 아니라, 선들이 한곳으로 모이게 하는 또 다른 원칙도 따르고 있음을 볼 수 있다. 그림 왼쪽의 교황의 발판에서 아랫선을 연장하면 왼쪽에서 오른쪽으로 가는 대각선이 되는 것을 볼 수 있다. 즉 두 번째와 세 번째 원칙을 따른다.

원근법을 체계화한 알베르티

르네상스 문화의 다른 분야가 그랬던 것처럼 원근법의 탄생도 상당 부분은 고전의 재발견 덕분이다. 수학적으로 중요한 기여를 한 것은 유클리드의 기하학과 《광학》이다. 유클리드의 《광학》은 다음의 일곱 가지 기본 가정으로 시작한다.

1. 눈으로부터 그린 직선은 보이는 사물의 길이를 포함하기 위하여 발산한다.

2. 시선visual ray들의 모임은 눈을 꼭짓점으로 하고, 보이는 사물의 길이들로 이루어지는 경계를 밑면으로 하는 원뿔을 이룬다.

3. 사물의 보이는 부분은 시선이 떨어지는 곳이고, 보이지 않는 부분은 시선이 떨어지지 않는 부분이다.

4. 시선의 각이 클수록 사물의 크기는 더 크게 보이고, 시선의 각이 작을수록 사물의 크기는 더 작게 보인다.

5. 높은 시선에 해당하는 부분은 높게 보이고, 낮은 시선에 해당하는 부분은 낮게 보인다.

6. 시선이 오른쪽으로 갈수록 사물은 더 오른쪽에 있는 것처럼 보이고, 시선이 왼쪽으로 갈수록 사물은 더 왼쪽에 있는 것처럼 보인다.

7. 시선의 각이 클수록 사물은 더 구별되어 보인다.

르네상스 시대에 원근법을 개발한 사람들은 눈이 사물을 보는 방식을 기하학적으로 이해하고 고대 그리스의 광학이 제시하는 관점을 따랐다. 관찰자의 눈앞에 어떤 사물이 있다면 사물의 각 점과 관찰자의 눈을 직선으로 연결하면 하나의 원뿔을 얻을 수 있다. 이를 시각 피라미드라고 하는데, 시각 피라미드의 한 단면이 바로 사물의 상이 된다(그림 6-3). 눈과 사물 사이의 위치 관계에 따라서 다양한 시각 피라미드가 생길 수 있고 그에 따라 다양한 단면을 얻게 된다.

최초로 원근법을 적용해 그림을 그린 사람은 15세기의 건축가 브루넬레스키로 알려져 있다. 그는 플로렌스의 산 지오바니 교회당을 그리기 위해 바늘구멍 사진기와 같은 도구를 이용한 것으로 알려져 있다. 이 도구

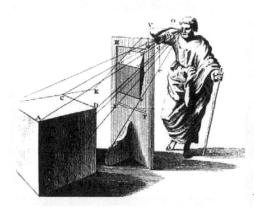

그림 6-3 시각 피라미드.

를 이용하면 마치 사진을 찍은 것처럼 관찰자가 보는 것을 그대로 재현할
수 있었다고 한다. 원근법에 대한 최초의 이론서를 쓴 사람은 알베르티다.
1435년에 출간된 《회화론》에서 알베르티는 유클리드의 《광학》의 원리에
기초한 원근법을 소개하고 있다. 알베르티는 화가의 교육을 위한 목적으로
《회화론》을 썼다. 화가는 다양한 인문적인 주제에 대해 공부해야 하며, 특
별히 기하학에 대해 상당한 지식을 가져야 한다고 그는 말했다. 알베르티
의 이론에 대해서는 7장에서 더 자세히 다룰 것이다.

　알베르티의 책은 동시대 여러 화가와 건축가들에게 영향을 주었다. 그
중 한 사람이 레오나르도 다 빈치다. 다 빈치는 30대에 원근법 연구를 시
작해 죽기 직전까지 그만 두지 않았다. 원근법에 대한 책도 저술했지만 전
해지지는 않는다. 대신 방대한 양의 노트를 남겼는데, 원근법 연구에 대한
다양한 스케치와 메모를 발견할 수 있다. 다 빈치의 제자 프란체스코 멜치
Francesco Melzi(1491~1568)는 스승의 메모들을 편집해 《회화론》이라는 제목으
로 출간했다. 이 책은 이후 여러 나라 언어로 번역되어 유럽의 다른 예술가
들에게 영향을 주었다. 그의 원근법에 대한 연구도 이 《회화론》에서 발견할

그림 6-4 레오나르도 다 빈치의 〈수태고지〉.

그림 6-5 레오나르도 다 빈치의 〈최후의 만찬〉.

수 있다. 이전의 원근법이 평면에 생기는 상을 다루었다면 다 빈치는 사람의 눈동자가 구형인 것을 지적하여 구면 위에 생기는 상에 대해 연구했다. 다 빈치가 원근법을 사용하여 그린 작품들 중 현재 남아 있는 것은 그의 대표작인 〈수태고지〉와 〈최후의 만찬〉이다. 이탈리아에서 체계화된 원근법은 이후 독일의 화가 알브레히트 뒤러와 같은 사람을 통해 이탈리아 북쪽으로 전파되었고 16세기에 이르러서는 유럽 전역에서 사용하게 되었다.

선형 투시 원근법의 원리

미술에서 사용하는 원근법에는 몇 가지가 있는데, 여기서는 '선형 투시 원근법'이라 불리는 기하학적인 원근법에 대해 다룬다. 투시 원근법의 원리를 이해하기 위해 다음 상황을 떠올려 보자. 관찰자는 상자 하나를 보고 있다. 관찰자의 눈과 상자 사이에 유리판이 하나 놓여 있다고 하자. 눈과 상자의 각 점을 연결한 시선이 유리판과 만나는 점들을 모아 생기는 상이 관찰자의 눈에 비친 상자의 상이다. 설명을 쉽게 하기 위해 몇 가지 용어를 정의하자. 눈과 물체 사이의 유리판을 화면picture plane이라 하고, 눈에서 사물 위의 한 점까지의 직선은 시선sight line, 상자 위의 점 Q를 연결한 시선이 화면과 만나는 점을 Q의 사영projection, 시선 중 화면과 수직으로 만나는 선을 중앙선, 중앙선이 화면과 만나는 점을 주 소실점, 눈과 화면 사이의 거리를 관람 거리viewing distance라 하자(그림 6-6).

먼저 물체의 형태와 화면에 대응되는 상과의 관계를 이해해야 한다. 이를 다음과 같은 규칙으로 요약할 수 있다. 이는 간단한 기하학적 관찰에 근거한다.

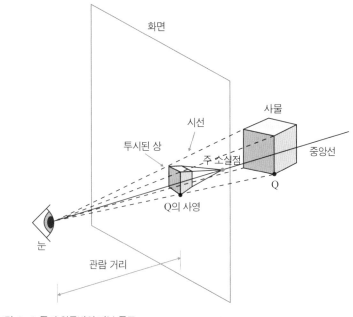

화면

사물

시선

투시된 상

중앙선

주 소실점

Q

Q의 사영

눈

관람 거리

그림 6 - 6 투시 원근법의 기본 구조.

1. 중앙선이 아닌 직선의 사영은 직선이 된다.

2. 수직선의 사영은 수직선이 된다.

3. 화면과 평행인 평행선들의 사영은 서로 평행하다.

규칙 1은 눈과 직선으로 이루어진 삼각형과 평면의 교점들이 직선을 이루기 때문이다. 규칙 2를 이해하기 위해서는 관찰자가 양쪽으로 가로수가 심어져 있는 길을 보고 있는 상황을 생각해 보면 된다. 이 나무들의 상은 화면에서 역시 수직이다. 나무의 상이 수직이 아니고 기울어져 있다고 해 보자. 관찰자의 눈과 나무의 상을 포함한 평면이 화면과 수직인 평면(바닥면)에 더 이상 수직이 아니다. 그러나 원래의 가로수와 관찰자의 눈을 포함한 평면은 바닥면에 수직이다. 따라서 나무의 상은 기울어질 수가 없다. 규칙 3은 관찰자로부터 뻗어 나가는 철로를 상상해 보면 이해할 수 있다. 철로의 받침목들은 서로 평행하고 동시에 화면과도 평행하다. 따라서 받침목의 각 상들은 철길을 포함하고 있는 바닥면과 화면이 만나는 선에 각각 평행하다. 따라서 받침목의 상끼리도 서로 평행하다.

철로를 어떻게 그릴 것인가

투시 원근법Perspective은 소실점의 개수에 따라 한 점 투시 원근법, 두 점 투시 원근법, 세 점 투시 원근법으로 나눈다. 이는 화가가 그리고자 하는 대상을 어떤 각도에서 보느냐에 따라 구분된다. 가령 화가가 양쪽으로 나무가 늘어선 가로수 길을 그린다면 화면에는 가로수들이 한 점에 모이는 한 점 투시 원근법을 사용할 것이다. 반면에 화가가 상자 모양의 공장 건물을 스케치하기 위해 건물 모서리의 앞에 서 있다면 건물의 양쪽 면이 화면 후방으로 가면서 점점 작아지는 두 점 투시 원근법을 사용할 것이다. 세 점 투시 원근법은 〈스파이더맨〉 같은 영화에서 쉽게 볼 수 있다. 스파이더맨이 높이 솟아 있는 빌딩을 배경으로 날고 있다고 하자. 그는 빌딩의 옥상이 내려다보이는 지점을 통과하고 있다. 이때 건물의 양면은 화면에서 점점 작아져 보이고, 화면 아래로 내려갈수록 건물의 아래면도 점점 작아져 보인다. 이 경우는 세 개의 소실점이 생긴다.

이 장에서는 한 점 투시 원근법을 살펴본다. 시선의 방향과 같은 방향으로 뻗어나가는 철로를 원근법으로 그리는 예를 들어 본다. 철로에 대한 시각 피라미드가 화면과 만나서 생기는 2차원 상을 이해하기 위해, 먼저

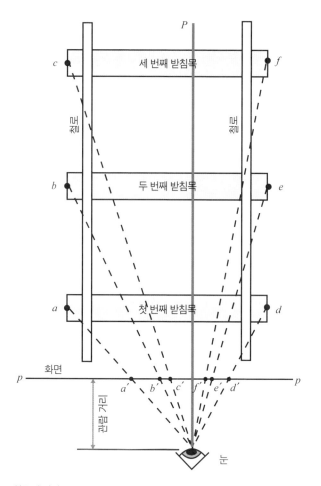

P

c ●───── 세 번째 받침목 ───── ● f

철로   철로

b ●───── 두 번째 받침목 ───── ● e

a ●───── 첫 번째 받침목 ───── ● d

p   화면   p
     a′ b′ c′ f′ e′ d′

관람거리

눈

그림 6-7 철로의 평면도.

사영의 수평 방향의 변화와 수직 방향의 변화를 살펴보자.

철로에 대한 평면도plan view는 관찰자의 눈, 화면, 철로를 위에서 내려다 볼 때 철로의 각 점이 화면에 어떻게 사영되는지를 보기 위한 것이다. 중앙선이 철로와 평행하다고 하자. 이때 화면은 철로와 수직이 된다(그림 6-7). 눈은 철로의 중앙에서 약간 오른쪽에 위치해 있다. 먼저 첫 번째 받침목

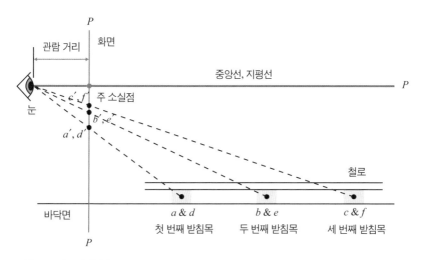

관람 거리 화면
P

중앙선, 지평선
P

눈 e', f' 주 소실점

b', e'

a', d'

철로

바닥면

a & d   b & e   c & f
첫 번째 받침목 두 번째 받침목 세 번째 받침목

P

그림 6-8 철로의 상승도.

의 상을 얻기 위해 받침목의 맨 왼쪽 점 *a*를 연결하는 시선과 화면의 교점을 구한다. 이를 *a'*라 하자. 마찬가지로 받침목의 맨 오른쪽 점 *d*를 연결하는 시선과 화면의 교점을 *d'*라 하자. 선분 *ad*의 상은 선분 *a'd'*다. 마찬가지로 두 번째 받침목 *be*의 상은 선분 *b'e'*이고, 세 번째 받침목 *cf*의 상은 선분 *c'f'*다.

받침목들이 서로 평행하고 화면에 평행하기 때문에 선분 *a'd'*, *b'e'*, *c'f'*도 화면 위에서 서로 평행하다. 받침목이 화면에서 멀어질수록 시선의 각이 작아지므로 상의 길이가 작아짐을 볼 수 있다. 동시에 양쪽 선로의 상도 직선이다. 선로를 따라 점들이 멀어질수록 화면의 상들은 중앙선과 화면이 만나는 점, 즉 주 소실점에 가까워짐을 볼 수 있다.

철로에 대한 상승도elevation view는 관찰자의 눈, 화면, 철로를 측면에서 본 것으로 화면에서 상들의 높이를 결정하게 해 준다(그림 6-8). 철로가 놓인 바닥면ground plane을 기준으로 볼 때 중앙선은 바닥면과 평행을 이룬다.

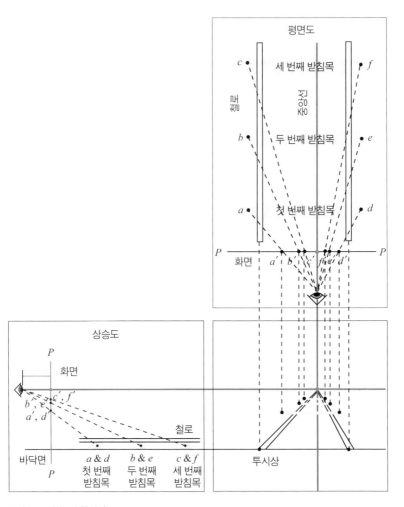

평면도

세 번째 받침목

철로

중심선

두 번째 받침목

첫 번째 받침목

P — — P

화면

상승도

P

화면

철로

바닥면

a & d b & e c & f
첫 번째 두 번째 세 번째
받침목 받침목 받침목

P

투시상

그림 6-9 철로의 투시상.

여기서 중앙선은 철로와 평행하며 따라서 철로와 만나지 않는다. 중앙선과 화면이 만나는 점인 주 소실점은 철로 위의 어떤 점과도 대응되지 않는다. 첫 번째 받침목은 높이가 같기 때문에 점 a, d의 상은 높이가 같다. 즉 선분 ad의 상인 선분 $a'd'$는 화면에서 화면과 바닥면이 만나는 선인 바닥선 ground line과 평행하다. 마찬가지로 선분 $b'e'$와 선분 $c'f'$도 바닥선과 평행하다. 상승도에서 이들 선분들은 점으로 표시된다.

이제 평면도와 상승도를 종합하여 투시상perspective view을 완성해 보자. 투시상을 그릴 화면 위에 평면도를 놓고, 화면 왼쪽에 상승도를 놓는다(그림 6-9). 먼저 상승도의 바닥면과 중앙선을 중앙의 화면까지 연장한다. 중앙선을 연장한 선을 지평선이라 부른다. 투시상에서 소실점은 지평선 위에 놓인다. 이번에는 평면도의 중앙선을 아래로 연장한다. 중앙선과 지평선이 만나는 점이 소실점이 된다. 투시상 위에 a'의 위치는 평면도의 a'로부터의 수직선과 상승도의 a'로부터의 수평선의 교점으로 결정된다. 동일한 방법으로 b', c', d', e'의 위치를 결정할 수 있다. 이 상들을 연결함으로써 왼쪽 철로와 오른쪽 철로의 상을 얻을 수 있다. 이제 두 철로의 상인 두 직선이 소실점에서 만나는 것을 볼 수 있다. 이를 통해 '한 점 투시 원근법'은 다음과 같이 정의할 수 있다. 한 점 투시 원근법은 화면상의 선들이 수렴하는 소실점을 오직 하나만 가지며 소실점으로 수렴하는 선들은 실제로는 화면과 수직인 선들이다.

상자를 어떻게 그릴 것인가

만약 상자를 원근법을 이용해 그린다면 어느 각도에서 바라보아야 좋은

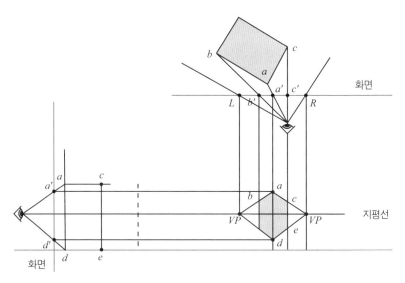

그림 6–10 두 점 투시 원근법.

상을 얻을 수 있을까? 화면이 상자의 한 면과 평행하게 놓여 있다면 화면을 바라보고 있는 직사각형의 상은 직사각형이 된다. 상자의 정면과 이웃한 모서리들은 화면과 수직이므로 하나의 소실점으로 수렴하게 된다. 정면의 상이 직사각형이 되면 그림이 조금 밋밋해 보인다. 상자의 면이 아닌 모서리를 보도록 화면을 조금 틀어 놓으면 어떤 상을 얻게 될까?

먼저 투시도를 살펴보자. 상자 윗면의 모서리 중 화면과 가까이 있는 두 모서리는 투시도에서 기울어진 선분으로 표현된다. 마찬가지로 화면 가까이 있는 상자의 아랫면의 두 모서리도 투시도에서 기울어진 선분으로 표현된다. 그림 6–10의 투시도를 보면 왼쪽의 위아래 두 모서리와 왼쪽의 위아래 두 모서리는 각각 한 점으로 수렴한다. 이 점들이 소실점이다.

소실점의 위치를 결정하기 위해 평면도를 보자. 직사각형의 선분 ab와 평행한 시선이 화면과 만나는 점이 왼편 소실점이고 직사각형의 선분 ac와 평행한 시선이 화면과 만나는 점이 오른쪽 소실점이다. 직사각형의 선분 ab 위에 있는 점들의 상은 왼편 소실점으로 접근하는 것을 볼 수 있다.

상자의 상승도에서 가장 중요한 정보는 눈의 위치, 즉 지평선의 높이와 화면에 가장 가까운 모서리 ad의 상의 길이다. 관찰자가 상자의 중간 높이에서 상자를 바라보고 있다고 하자. 소실점은 지평선과 L, R에서 내린 수선의 교점이다. 모서리 ad의 상은 상승도에서 $a'd'$로 표시되어 있다. 모서리 ad의 상을 결정하면 다른 두 수직의 모서리의 상도 얻을 수 있다. 모서리 ad의 상과 두 소실점을 각각 연결한 삼각형과 b'와 c'에서 내린 수선에 의해서 두 개의 사다리꼴을 얻을 수 있는데, 이것이 모서리 ad와 이웃한 두 면의 상이다.

화면에 대해서 수직이 아닌 서로 다른 방향으로 기울어진 두 직선은 두 개의 서로 다른 소실점을 만들어 낸다. 이 경우를 두 점 투시 원근법이라고 한다. 두 점 투시 원근법은 건물 같은 것을 그릴 때 화면을 건물의 수직면에 대해서 수직이 되지 않도록 놓음으로써 좀 더 역동적인 상을 얻을 수 있다.

가장 좋은 관람 거리는?

미술관에서 그림을 볼 때 어느 정도 거리에서 그림을 보는 게 가장 좋을까? 화가가 캔버스를 놓고 앉은 위치가 아닐까? 원근법을 응용해 그림을 보기에 가장 좋은 '관람 거리'를 찾아보자.

관찰자의 눈과 화면 사이의 거리를 '관람 거리'라 정의하자. 화면과 평행하게 놓여 있는 직사각형을 그린 그림을 관람자가 보고 있다(그림 6-11).

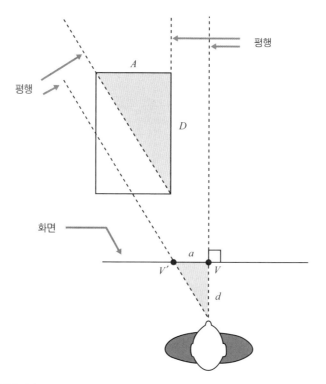

평행

평행

A

D

화면

a

V′　*V*

d

그림 6-11 관람 거리.

그림에 그려진 직사각형의 가로와 세로의 비율로부터 관찰자와 화면 사이의 거리를 구할 수 있다. 직사각형의 한 변은 화면과 수직이기 때문에 관찰자의 눈을 지나고 화면과 수직인 선, 즉 중앙선이 화면과 만나는 점은 소실점이 된다. 이를 V라 하자. 직사각형의 대각선을 보면 그림에 명시적으로 그려져 있지 않더라도 대각선에 대한 소실점을 찾을 수 있다. 관찰자의 눈을 지나 대각선과 평행한 직선이 화면과 만나는 점이 대각선에 대한 소실점이다. 이를 V'라 하자.

　두 소실점과 관찰자의 눈으로 이루어진 직각삼각형은 실제 직사각형

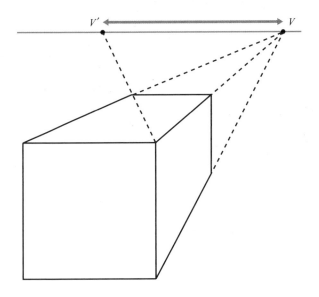

그림 6-12 상자(직사각형)의 투시도.

의 대각선 한쪽에 있는 직각삼각형과 닮은 삼각형이다. 따라서 실제 직사각형의 가로의 길이를 A, 세로의 길이를 D, 화면 위 두 소실점 사이의 거리를 a, 관람 거리를 d라고 하면, 닮은 삼각형의 닮은 비에서 $\dfrac{d}{a} = \dfrac{D}{A}$가 성립한다. 따라서 관람 거리는 $d = a\left(\dfrac{D}{A}\right)$가 된다. 실제 직사각형의 가로와 세로의 비를 알면 두 소실점 사이의 거리를 구함으로써 관람 거리를 알 수 있다. 그러나 그림만 놓고 볼 때는 직사각형의 가로와 세로의 비를 알 수 없다. 만약 직사각형이 바닥의 타일 같은 정사각형이라면 $D = A$가 되므로 관람 거리는 두 소실점 사이의 거리와 일치하게 된다.

이 방법을 이용하여 라파엘로의 〈성모의 결혼〉의 관람 거리를 구해 보자. 그림을 축소한 사본(14.5㎝ × 9.9㎝)을 이용하여 먼저 관람 거리를 구한다. 바닥의 정사각형의 타일들은 화면을 향해 수직 방향으로 뻗어 있다. 서

그림 6-13 라파엘로의 〈성모의 결혼〉.

로 평행한 타일의 수직 방향의 경계선을 연장해 보면 배경에 있는 건물의 중앙 입구의 가운데에 소실점이 생기는 것을 볼 수 있다. 이 소실점을 지나는 지평선을 긋는다. 이제 타일을 하나 잡아 대각선을 지평선과 만날 때까지 연장한다. 이때의 교점이 대각선의 소실점이다. 우리의 경우 두 소실점 사이의 거리는 22.6cm다. 실제 그림의 크기는 174cm × 121cm로 축소판의 12배다. 따라서 실제 그림의 관람 거리는 22.6 × 12 = 271.2cm다. 미술관에서 작품을 감상할 때 이 정도 거리에서 본다면 가장 좋은 광경을 볼 수 있다. (미술관에서는 소실점이 관람자의 눈 위치보다 높은 곳에 있는 경우가 많다. 따라서 적당한 크기의 의자를 가져가서 눈의 높이를 소실점의 높이와 맞추는 것도 한 방법이다.)

원근법으로 그림 읽기

피에로 델라 프란체스카는 알베르티와 더불어 르네상스 시대 초기의 원근법에 대한 이론을 만든 화가다. 그는 《5개의 정다면체에 관하여》라는 책을 쓸 정도로 수학에 정통했다. 〈그리스도의 수난Flagellation of Christ〉(1460)은 원근법을 아주 잘 활용한 그의 대표작이다. 그리스도가 십자가에 못 박히기 전 로마 총독 빌라도의 법정에서 재판을 받고 채찍질을 당하는 장면을 담은 그림이다.

그림의 오른쪽에 선 세 인물이 가리고 있긴 하지만 이 그림은 상당히 먼 후경까지 고려하고 있다. 이 세 사람의 발 아래로 난 타일을 따라가 보면 이들의 머리 뒤에 있는 배경은 상당히 먼 곳에 위치해 있음을 알 수 있다. 즉 그림의 주 사건이 되는 그리스도가 채찍질당하는 장면은 왼쪽에서 상당히 먼 안쪽에서 일어나고 있다. 이러한 물리적인 거리는 관람자에게

그림 6-14 피에로 델라 프란체스카의 〈그리스도의 수난〉.

심리적 거리감도 주고, 마치 그리스도의 제자 베드로가 멀찍이서 그의 스승을 따라갔던 것처럼 어떤 불편한 마음을 만들어 낸다.

피에로는 원근법 효과를 나타내기 위한 전형적인 방법으로 천장과 바닥의 타일을 이용했다. 그 결과 빌라도 총독 관저 안까지 깊은 공간감을 만들어 냈다. 총독 관저를 프레임한 정사각형 안에 정교한 비례가 숨어 있다. 두 외곽 기둥과 바닥의 타일이 바뀌기 전까지를 이루는 정사각형의 대각선을 따라 그리스도의 머리와 원근법의 소실점이 놓여 있다(그림 6-15). 타일들의 수직선을 연결하면 소실점은 대략 그리스도의 왼쪽 팔꿈치와 채찍질하는 병사의 왼팔 사이에 위치한다. 소실점이 놓인 지점에서 정사각형의 좌변에서 이르는 거리가 정사각형의 왼쪽 윗부분 꼭짓점에서 그리스도의 머리까지의 대각선 거리와 일치한다(KV = AF = AT). 정사각형의 왼쪽 윗부분

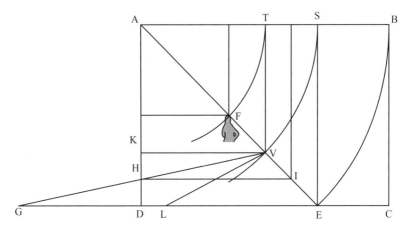

그림 6-15 빌라도 총독 관저의 비례.

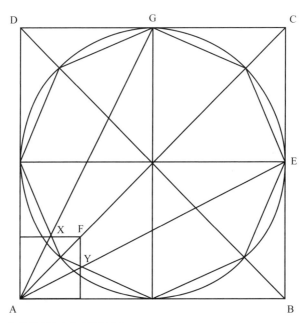

그림 6-16 총독 관저의 바닥 타일의 작도.

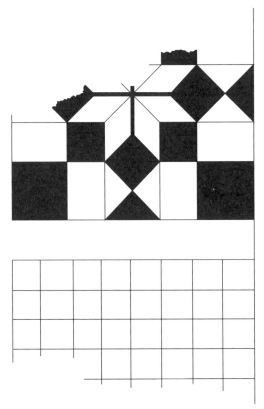

그림 6-17 총독 관저의 바닥 타일.

꼭짓점을 중심으로 컴퍼스를 이용하면 쉽게 이러한 관계를 구현해 낼 수 있다. 소실점을 지나는 수평선(KV)과 그림의 바닥의 수평선(DE)을 이등분 하는 수평선(HI)이 정확히 총독 관저의 경계선—타일의 문양이 바뀌는 지점—이다.

채찍질이 일어나는 장소의 바닥 타일은 사실 8각형의 구성에 기초한다(그림 6-16). 피에로는 정사각형의 두 대각선을 이용하여 8각형을 작도했다. 정사각형에 내접하는 원과 두 대각선의 교점은 원의 4개의 접점과 더불어 정8각형의 꼭짓점 8개를 형성한다. 정사각형의 모서리 A와 원의 접점 G와 E를 각각 연결하면 정8각형과 만나는 점이 있는데, 이를 X, Y라 하자. X를 지나는 수평선과 Y를 지나는 수직선은 대각선 AC에서 만난다. 이때 생기는 정사각형—AF를 대각선으로 가진다—이 바로 총독 관저 바닥의 왼쪽 구석의 검은색 타일이다(그림 6−17).

7

상상하는 기하에서 보는 기하로

1812년 6월 24일 프랑스 황제 나폴레옹은 국경인 네만 강을 넘어 러시아 원정을 시작했다. 그해 9월 모스크바까지 입성했던 나폴레옹은 러시아와의 협정이 성사되지 않은데다가, 식량과 물자의 보급이 어렵고 일찍 다가온 러시아의 모진 추위를 견디지 못해 퇴각하게 된다. 한 달여에 걸쳐 크라즈니에 도착한 나폴레옹은 제각각 흩어져서 오던 여러 부대들을 재정비해 후퇴하기로 한다. 이들을 추격해 온 쿠투초프 장군이 이끄는 러시아군은 프랑스군을 괴멸시키기 위해 크라즈니를 공격했다. 하지만 나폴레옹 군대의 저항은 생각보다 강했다. 근위대가 필사적으로 방어하는 동안 나폴레옹의 주력 부대는 성공적으로 크라즈니를 빠져나올 수 있었다. 그러나 프랑스군은 아주 심각한 피해를 입었다. 6000명 이상이 전사했고 2만 명 이상이 포로로 붙잡혔다.

포로 중에는 장 빅토르 퐁슬레Jean Victor Poncelet(1788~1867)도 있었다. 퐁슬레는 에콜 폴리테크니크를 졸업하고 공병 장교로 복무하던 중 프랑스군의 러시아 원정에 참여했다. 그를 포함한 포로들은 볼가 강 유역 사라토

프에 있는 감옥까지 5개월에 걸쳐 행군해야 했다. 이듬해 감옥에서 봄을 맞이한 그는 겨우 기운을 차리고 에콜 폴리테크니크에서 배웠던 기하학 문제에 대해 생각했다. 퐁슬레가 생각했던 문제는 도형에서 길이나 각과 상관없는 양이었다. 원근법에서 두 점 사이의 거리는 보존되지 않으며 직사각형은 사변형으로 변환된다. 그렇지만 어떤 길이들의 특정한 비례는 원근법 투시하에서도 변하지 않는다.

1814년 봄 프랑스와 러시아 간의 평화 조약 후 퐁슬레는 고향 메츠로 돌아갈 수 있었다. 1822년 그는 감옥에서 떠올렸던 기하학의 아이디어를 정리하여 《도형의 사영적 성질에 대한 논고》라는 책을 출판했다. 이 책은 '사영기하학projective geometry'이라는 새로운 기하학의 시작을 알렸다.

르네상스 시대에 급격히 발전한 투시 원근법은 새로운 기하학의 발견과 정립으로 이어졌다. 원근법에서는 실재하는 물체 모양과 화면의 상과의 관계를 이해하는 것이 주요한 관심사였다. 기하학적으로 자연스러운 질문은 사영projection을 통해 보전되는 기하학적 성질이 무엇인가다. 사영기하학은 이 질문에 수학적으로 답하고자 하는 데서 출발한 기하학이다.

사영을 통해서 보전되는 기하학적인 성질을 살펴보자. 원근법에서 점의 사영은 점이고, 선의 사영은 선이다. 그러나 선분의 길이는 보전되지 않는다. (앞서 본) 철길의 사영을 생각해 보면 실제 받침목의 길이는 같지만 화면의 상에서 받침목의 길이는 소실점에 접근하면서 점점 짧아진다. 각도 보전되지 않는다. 철길을 다시 생각해 보면 직사각형의 상은 사다리꼴이 된다. 길이와 각이 보전되지 않으니 면적도 보전되지 않는다. 원의 사영은 어떻게 될까? 정사각형에 내접하는 원을 생각해 보자. 정사각형의 상이 사다리꼴이 되는 경우 원의 상은 타원이 된다.

유클리드 기하학은 자와 컴퍼스를 사용하는 기하학이지만 사영기하학은 길이의 보전을 포기하기 때문에 오직 자만 사용하는 기하학이라 볼 수 있다. 따라서 사영기하학을 공리적으로 구성하고자 한다면, 유클리드 기하학에서 컴퍼스와 관계가 없는 공리는 그대로 가져다 쓸 수 있지만 컴퍼스와 관계가 있는 공리는 사용할 수 없다.

알베르티의 합리적 구성법

왜 사영기하학이 탄생하게 되었는지를 이해하기 위해 알베르티가 제시하고 많은 르네상스 화가들이 사용했던 합리적 구성법construzione legittima을 살펴보자. 합리적 구성법은 자만 사용해서 바닥 타일에 대한 원근법적 상을 얻는 것이다. 먼저 두 쌍의 평행선을 이용해 하나의 타일을 얻는다. 이때 각 쌍의 평행선은 소실점에서 만난다. 소실점들은 모두 하나의 지평선 위에 있기 때문에 두 소실점을 자로 연결하면 지평선을 얻을 수 있다(그림 7-1).

그림 7-2는 타일들을 계속 그려 나가는 일련의 과정을 보여 준다. 첫 번째 타일의 대각선을 지평선까지 연장한다. 이때 지평선과의 교점은 타일들의 평행한 대각선들의 소실점이다. 두 번째 단계는 이를 보여 준다. 두 번째 타일의 모서리와 대각선의 소실점을 연결하면 두 번째 타일의 대각선과 다른 모서리를 얻을 수 있다. 이 모서리와 오른쪽 끝의 소실점을 연결함으로써 두 번째 타일을 그릴 수 있다. 동일한 원리를 이용하여 세 번째와 네 번째도 타일을 그려 나갈 수 있다.

알베르티의 합리적 구성법이 작동하는 것은 모든 소실점들이 하나의 지평선에 있다는 원근법의 원리 때문이다. 이 지평선은 실제의 선이 아니라 가상의 선이다. 사영기하학에서는 지평선을 '무한대에 있는 선'이라 부른

지평선

그림 7-1 알베르티의 합리적 구성법.

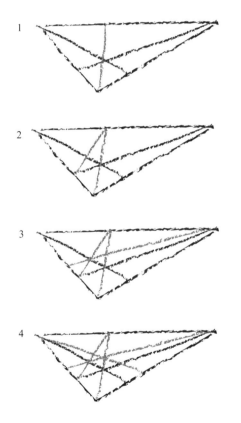

1

2

3

4

그림 7-2 알베르티의 합리적 구성법 과정.

다. 타일로 된 바닥을 원근법으로 바라보는 방식에 있어서 관찰자의 보는 각도가 달라져도 변하지 않는 것은 무엇일까? 바닥의 직선은 어떤 각도에서 보든 직선이다. 두 직선이 서로 만난다면 보는 각도가 변해도 여전히 두 직선은 만난다. 평행한 직선은 평행한 채로 있거나 지평선에서 만난다. 특별히 어떤 두 직선이든지 보는 각도를 잘 잡으면 항상 만난다는 것을 알 수 있다.

이상한 원근법: 왜곡상

알베르티의 합리적 구성법이 의미하는 바를 생각해 볼 때 발견하게 되는 것이 있다. 원근법은 주어진 대상을 하나의 평면에 옮기는 문제다. 즉 화가가 화폭에 피사체를 어떻게 담을 것인가의 문제다. 여기에 문제 하나가 더 추가 된다. 완성된 그림을 관람자가 어떻게 볼 것인가의 문제다.

알베르티의 방법으로 그려진 타일 바닥을 관람자가 아주 외진 곳에서 보지 않는다면 일반적으로 관람자(의 시각)가 타일 바닥을 보는 것을 그대로 재현했음을 금방 알 수 있다. 그러나 만약 주어진 대상을 아주 극단적 각도에서 본 것을 화폭에 옮겨 놓으면 관람자는 마찬가지로 아주 극단적 각도에서 보지 않으면 그림을 알아볼 수 없다. 16세기 화가 한스 홀바인Hans Holbein(1497~1543)의 대표작 〈대사들The Ambassadors〉을 보면 그림의 아래쪽 카펫 위에 이상한 종이판 같은 것이 비스듬히 세워져 있는 것이 보인다. 전체적인 구성과는 맞지 않는 이것의 정체는 보는 사람에게 궁금증을 일으킨다. 그림을 아래쪽 측면에서 올려다보면 이것이 인간의 두개골이라는 것을 알게 된다. 화가의 장난스러운 트릭과도 같은 이 기법은 '왜곡상

그림 7-3 한스 홀바인의 〈대사들〉.

anamorphosis'이라고 불린다. 이 기법은 원근법의 발전에서 자연스럽게 등장
한 기법이다. 〈대사들〉에서 왼쪽은 헨리 8세의 궁전으로 파견된 프랑스 대
사 장 드 댕트빌Jean de Dinteville이고 오른쪽은 그를 방문한 프랑스 라보르
Lavaur의 주교 조르주 드 셀브Georges de Selve다. 헨리 8세는 왕비 캐서린과의
이혼 문제로 교황과 갈등을 빚고 있었다. 프랑스는 당시에 둘 사이를 중재
하는 역할을 했다.

　원근법이 이론적으로 정교화되고, 나아가 사영기하학으로 발전하는

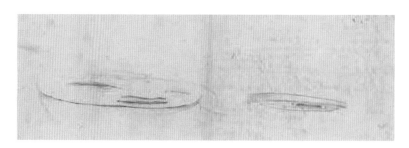

그림 7-4 왜곡상을 이용한 다 빈치의 스케치.

과정에서 다양한 질문들이 쏟아진다. 왜곡상에 대한 질문을 처음으로 던진 이는 피에로 델라 프란체스카다. 프란체스카는 저서 《원근법》에서 바닥에 놓인 와인잔을 투시 원근법을 이용해 그릴 때의 문제점에 대해 논했다. 보통 원근법을 사용할 때 시각 피라미드가 이루는 각은 비교적 크므로 화면의 상은 본래의 사물을 크게 왜곡하지 않는다. 그러나 프란체스카가 다룬 경우는 사물과 투시 화면이 사실상 수직이고 시각 피라미드의 각이 아주 작다. 이 경우는 화면의 상에서 상당한 왜곡이 일어난다.

프란체스카 이후 왜곡상의 문제에 큰 관심을 가진 사람은 다 빈치다. 그가 처음으로 왜곡상의 기법을 회화에 적용한 것으로 여겨진다. 그림 7-4의 왼쪽은 어린이의 얼굴에 대한 왜곡상이다. 오른쪽 측면에서 낮은 각도로 그림을 보면 어린이의 얼굴을 알아볼 수 있다. 그림 7-4의 오른쪽은 사람의 눈에 대한 왜곡상이다. 다 빈치는 사람의 눈동자가 구체이기 때문에 화면을 평면으로 가정한 원근법이 실제로 우리가 사물을 본 상을 설명하는 데 잘 맞지 않음을 발견했다. 특히 우리 시선의 구석에 놓인 물체의 상에는 상당한 왜곡이 일어난다. 다빈치는 원근법에서 일어나는 왜곡을 적극적으로 이용할 때 회화적으로 어떤 효과를 만들 수 있을지 연구했다. 그의 대표작 〈최후의 만찬〉의 장면을 포착하기 위해서는 시각을 상당히 넓게

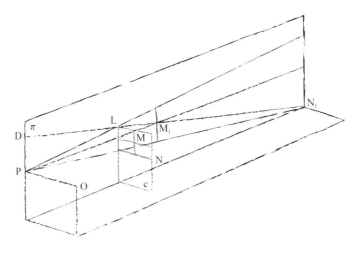

그림 7-5 격자 모양창의 왜곡상을 얻는 방법.

잡아야 하는데, 다 빈치는 그 점을 이용하여 어떤 특별한 의미를 만들어
낼 수 있었다.

이후 17세기에 들어와서 왜곡상을 얻기 위한 수학적 이론이 프랑스 수
학자들에 의해 정립되었다. 성직자이자 수학자였던 장 프랑수아 니세롱
Jean François Niceron(1613~1646)은 원근법에 대한 수학적 이론을 연구해 왜곡
상을 얻기 위한 체계적인 방법을 저서《이상한 원근법》(1638)에서 자세히 설
명했다. 그는 프란체스카와 마찬가지로 멀리서 바라본 플라톤 정다면체를
어떻게 그릴 것인가에 의문을 가졌는데, 만족할 만한 문헌을 찾을 수 없었
다. 이는 그가《이상한 원근법》을 집필하게 된 계기가 되었다.

니세롱은《이상한 원근법》에서 격자창에 대한 왜곡상을 얻는 방법을
설명했다. 그림 7-5에서 O는 관찰자의 눈이고 화면 π에 O와 마주 보고 있
는 점은 소실점이다. 점 P에서 출발하여 격자창이 화면과 만나는 점을 지
나는 세 직선을 그릴 수 있다. 격자창의 점 M과 N의 상을 어디에 그릴 것

인가가 주 문제다. 니세롱의 방법은 점 P로부터 관찰자의 눈과 소실점 사이의 거리와 같게 되도록 점 D를 정한 다음, 격자창의 첫 번째 교점 L과 연결하는 것이다. 이 선을 계속 연장하면 점 M과 N의 상의 위치를 결정할 수 있다.

원근법이 사영기하학으로 발전하는 데 있어 왜곡상은 어느 정도 역할을 했다. 이는 투시 원근법으로 얻은 상을 투시 원근법으로 보면 일반적으로 원근법으로 설명할 수 있는 상이 아니라는 것에 대한 발견을 이끌었다. 이를 설명하려는 시도가 사영기하학의 출발점이라고도 볼 수 있다.

원근법에서 기하학으로

여기서 사영기하학에 대한 수학적 이론을 자세히 다루기는 어렵지만 유클리드 기하학을 정의하는 방식과 비교를 통해 유클리드 기하학과 어떤 차이가 있는지 살펴보자. 유클리드의 《원론》 1권의 공리를 살펴보면 유클리드 평면은 우리가 자와 컴퍼스로 작도할 수 있는 한없이 펼쳐진 종이와 같다는 것을 알 수 있다. 마찬가지로 '사영 평면'은 점과 선을 정의할 수 있는 일종의 평면이다. 사영 평면을 위한 기본 공리는 다음과 같다.

1. 임의의 두 '점'은 오직 하나의 '직선'에 포함된다.
2. 임의의 두 '직선'은 오직 한 '점'에서만 만난다.
3. 서로 다른 네 개의 '점'이 존재하는데, 이 중 어떤 세 '점'도 같은 '직선'에 있지 않다.

여기서 공리가 의미하는 바를 원근법의 예를 들어 살펴보자. '점'과 '직선'은 유클리드 기하학에서 말하는 점과 직선과는 조금 다르다. 원근법에서 시선을 '점'이라고 부르고, 관찰자의 눈을 지나는 평면을 '직선'이라 부른다. 관찰자의 눈앞에 화면을 세워 두면 하나의 시선이 이 화면과 만나서 점을 생성한다. 따라서 시선은 관찰자 입장에서는 '점'이라고 간주할 수 있다. 마찬가지로 관찰자의 눈을 지나는 평면은 화면과 평행이 아니라면 화면과의 교선을 생성한다. 따라서 관찰자의 눈을 지나는 평면은 관찰자 입장에서는 '직선'이라고 간주할 수 있다.

첫 번째 공리를 확인해 보자. 관찰자와 관찰자가 보고 있는 두 개의 서로 다른 점을 각각 연결하면 두 개의 시선을 얻는다. 관찰자의 눈과 이 두 시선을 포함하는 평면은 오직 하나밖에 없다.

두 번째 공리는 조금 생각이 필요하다. 철로의 투시상을 생각해 보자. 두 이웃한 받침목들이 화면과 평행하다면 받침목의 투시상은 화면에서 평행하다. 양쪽으로 아무리 연장해도 서로 만나지 않는다. 두 시선을 포함하는 평면으로 '직선'을 이해하였으니, 관찰자의 눈과 각각의 받침목을 포함하는 '평면'을 생각할 수 있다. 흥미롭게도 이 평면은 교선을 갖는다. 이 교선은 관찰자의 눈을 지난다. 공리 2를 만족하는 것이다. 그러나 만나는 '점'은 화면 밖에 있다. 이 교선은 지평선, 즉 관찰자의 눈을 지나 화면과 수직인 평면 안에 포함된다. 이 때문에 화면 위에서 두 받침목의 투시상을 아무리 연장해도 만나지 않는다. 이는 앞서 소개한 알베르티의 합리적 구성법을 생각나게 한다. 철로의 투시상도 화면의 각도만 바꾸면 두 이웃한 받침목은 지평선에서 서로 만난다.

세 번째 공리를 이해하려면 바닥에 놓인 직사각형을 투시 원근법으로 보는 상황을 떠올리면 된다. 직사각형의 네 꼭지점과 관찰자의 눈을 연결한 네 개의 시선을 선택한다. 화면과 만나서 생기는 점은 직사각형의 상인 사다리꼴의 네 꼭지점이다. 이들 중 어떤 세 점도 한 직선 위에 있지 않다.

사영기하 최초의 정리

수학자 제라르 데자르그Gérard Desargues(1591~1661)는 파리에서 활동하던 엔지니어였다. 1630년대에 접어들어 그는 마랭 메르센Marin Mersenne (1588~1648)의 학술 모임에 참석하기 시작했다. 당시 프랑스의 많은 수학자들이 메르센의 모임을 통해 학술 활동을 했다. 모임의 창시자인 메르센은 모임을 만들기 전에는 신학자로서 활발히 활동했다. 그가 지닌 신학자의 성실함은 데카르트나 갈릴레이의 과학 이론이 갖는 신학적 문제점을 비판하는 데 주도적 역할을 하게 만들었다. 그러나 그들의 연구를 깊이 공부하면서 오히려 자연과학에 관심을 갖게 되었다. 더 나아가 메르센은 자연과학의 이론을 제대로 정립하기 위해서는 수학을 깊이 연구해야 한다는 것을 깨닫고 수학 연구에 매진했다. 그는 유럽 전역의 신학자, 철학자, 과학자들과 활발한 서신 교환을 하였는데, 이것이 '파리 아카데미'라고 불리게 된 그의 학술 모임의 모태가 되었다. 훗날 파리 아카데미는 프랑스 과학학술원으로 발전한다.

데자르그는 1636년 원근법에 대한 12페이지 분량의 소책자를 출간했다. 오늘날 데자르그 정리라고 알려진 것에 대한 아이디어가 여기에서 처음으로 등장한다. 1639년 그는 원근법에서 출발한 기하학적 문제 자체를 다루는 책을 출판한다. 이론적인 관심을 가진 수학자들과 실제로 원근법을 적용하는 화가나 엔지니어 모두를 겨냥하여 집필했지만 두 집단 모두를 만

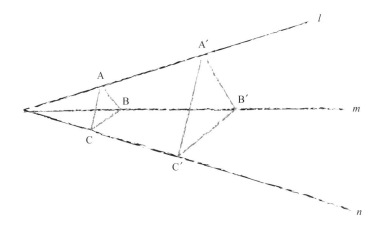

그림 7 - 6 데자르그 정리(유클리드 평면).

족시키지는 못했다. 이 책은 오히려 심한 혹평을 받았다. 그 후 그는 건축으로 관심을 돌렸다. 그럼에도 이 책에는 사영기하학의 중요한 개념들이 들어 있는데, 이는 이후 사영기하학이 발전하는 데 중요한 모태가 되었다.

데자르그 정리는 같은 시각 피라미드 안에 있는 두 평면 도형의 관계에 대한 질문에서 출발한다. 먼저 간단한 경우를 생각해 보자.

데자르그 정리(유클리드 평면형)

세 직선 l, m, n이 다음과 같이 서로 이웃했을 때 여섯 개의 점 A, B, C, A', B', C'가 직선 위에 그림과 같이 놓여 있다. 만약 선분 AB와 선분 $A'B'$가 평행하고, 선분 BC와 선분 $B'C'$가 평행하면 선분 AC와 선분 $A'C'$가 평행하다.

우리가 보통 데자르그 정리라고 부르는 것은 위의 정리를 사영기하의 관점에서 해석할 때 얻어지는 것이다. 위의 정리가 의미하는 바는 두 쌍의 선분이 평행하면 세 번째 선분도 평행하다는 것인데, 사영기하에서는 평행선이 지평선에서 만난다. 따라서 평행하다는 조건은 지평선에서 만난다는 조건으로 바꾸어도 위의 정리는 성립해야 한다.

데자르그 정리(사영 평면형)
고정점 P에 대해 두 삼각형이 같은 시각 피라미드에 놓여 있다면 서로 대응되는 변들의 교점은 모두 동일 직선에 있다.

여기서 점 P에 대해 두 삼각형이 같은 시각 피라미드에 놓여 있다는 것은 각각 대응되는 점을 연결한 직선이 P를 포함한다는 뜻이다. 그림 7-7에

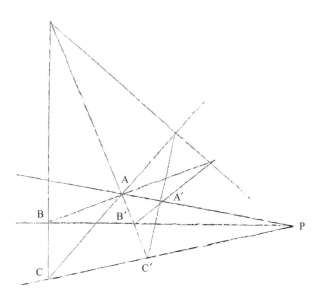

그림 7-7 데자르그 정리(사영 평면).

서 변 AB와 변 $A'B'$의 연장선의 교점과 변 BC와 변 $B'C'$의 연장선의 교점을 연결한 직선을 l이라 하면 변 AC와 선분 $A'C'$를 연장하면 직선 l 위에서 만난다.

알베르티가 옳았는가

데자르그 정리를 응용해 알베르티의 합리적 구성법(그림 7-2)이 작동하는 이유를 사영기하학으로 설명해 보자. 그림 7-2의 네 번째 단계에서 첫 번째 열의 타일에서 두 번째 열의 타일을 작도하는 알베르티의 방법이 맞다면 두 번째 열 맨 아래 타일의 대각선의 연장선은 다른 대각선들의 연장선과 지평선에서 만나야 한다. 데자르그 정리를 이용하여 실제로 그렇게 되는지를 살펴보자.

먼저 첫 번째 열과 두 번째 열의 대각선 위의 삼각형들(그림 7-8)에 데자르그 정리를 적용해 보자. 먼저 두 삼각형은 같은 시각 피라미드에 놓여 있고 기준점은 타일의 수직선들의 소실점이다. 두 삼각형의 수직 변들의 연장선은 바로 그 소실점에서 만나고(따라서 지평선 위에 있다) 윗변들(아래에서 두 번째 행의 타일들의 대각선들)의 연장선도 지평선에서 만난다. 따라서 두 삼각형의 나머지 대응변들, 즉 첫 번째 열과 두 번째 열의 대각선의 연장선(그림에서 점선으로 표시)은 지평선에서 만난다.

이제 첫 번째 열과 두 번째 열의 대각선 아래의 삼각형들(그림 7-9)에 데자르그 정리를 적용해 보자. 우리의 목표는 맨 아래 행에 있는 두 타일의 대각선의 연장선이 알베르티의 구성에 의해 생긴 두 대각선의 소실점과 만남을 보이는 것이다. 다시 한 번 두 삼각형은 같은 시각 피라미드에 놓여 있

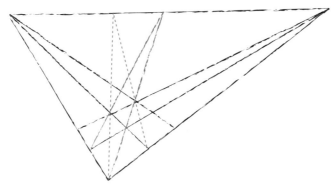

그림 7-8 타일로 된 바닥의 투시상 - 데자르그 정리의 첫 번째 적용.

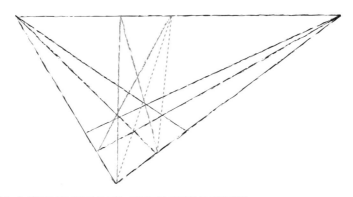

그림 7-9 타일로 된 바닥의 투시상 - 데자르그 정리의 두 번째 적용.

다. 수직인 변들은 연장했을 때 타일 수직선의 소실점에서 만난다. 대각선
에서 온 변들은 그림 7-8에서 보인 결과에 따라 연장했을 때 교점이 지평
선에 있다. 따라서 데자르그 정리에 의해 나머지 변들 쌍의 연장선의 교점
도 지평선에 있다. 즉 두 번째 대각선과 세 번째 대각선의 교점이 지평선에
있다. 첫 번째 대각선과 두 번째 대각선의 교점도 지평선에 있으므로 세 대
각선 모두 하나의 소실점에서 만난다.

파스칼 정리와 브리앙송 정리 그리고 쌍대성

천재의 대명사로 불리는 블레즈 파스칼Blaise Pascal(1623~1662)은 세 살에 어머니를 여의고 아버지 에티엔 파스칼Etienne Pascal의 손에서 자랐다. 에티엔 파스칼은 프랑스의 클레르몽페랑에서 활동하던 세무 법률가였지만 수학에도 큰 관심을 갖고 있어 메르센의 아카데미에 자주 참석했다. 에티엔 파스칼이 발견한 곡선 중 하나에는 그의 이름이 붙어 있다. 아들이 여덟 살이 되던 해, 에티엔 파스칼은 파리로 이주하여 공적인 일들을 그만두고 자녀들의 교육에 집중하였다. 이러한 아버지의 교육 방침으로 인해 파스칼은 학교에서 정식 교육을 받은 적은 없지만 열여섯 살이 될 때까지 집에서 라틴어, 그리스어, 수학, 과학 등을 배웠다.

파스칼은 열네 살의 나이에 마랭 메르센이 주관한 학자들의 모임에 참석했다. 이 모임에는 수학자 피에르 드 페르마, 제라르 데자르그, 질 페르손 드 로베르발Gilles Personne de Roberval(1602~1675) 등이 참여했고 에반젤리스타 토리첼리Evangelista Torricelli(1608~1647), 크리스티안 하위헌스Christiaan Huygens(1629~1695), 갈릴레오 갈릴레이Galileo Galilei(1564~1642) 같은 과학자들도 이 모임과 교류했다. 이 모임을 통해 데자르그 정리에 감명을 받은 파스칼은 열여섯 살에 파푸스 정리Pappus's theorem▲의 일반화라고 할 수 있는 흥미로운 정리를 발견한다. 파푸스 정리는 다음과 같다.

▲   파푸스는 고대 그리스 최후의 위대한 기하학자다. 8권으로 된 《수학논집》에 그리스 기하학자들의 업적을 집대성했다.

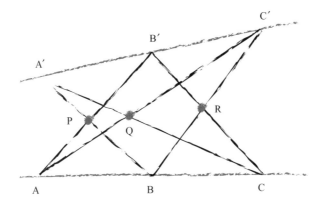

그림 7-10 파푸스 정리의 다이어그램.

한 직선 위에 서로 다른 세 점 A, B, C가 주어져 있고 또 다른 한 직선 위에 서로 다른 세 점 A′, B′, C′가 주어져 있다. 직선 AB′와 직선 A′B가 만나는 점을 P, 직선 AC′와 A′C가 만나는 점을 Q, 직선 BC′와 B′C가 만나는 점을 R이라고 하면 세 점 P, Q, R은 한 직선 위에 있다.

파스칼은 파푸스 정리를 다음과 같이 일반화했다.

파스칼 정리

육각형 위의 꼭짓점들이 교차하는 한 쌍의 선들 위에 놓여 있을 때 육각형의 마주 보는 변의 쌍들을 연장하여 만나는 세 점은 한 직선 위에 있다.

파스칼 정리에서 말하는 육각형은 번호가 부여된 여섯 개의 점을 순서대로 연결한 도형을 의미한다. 그림 7-11을 보면, 육각형 위 꼭짓점을 1

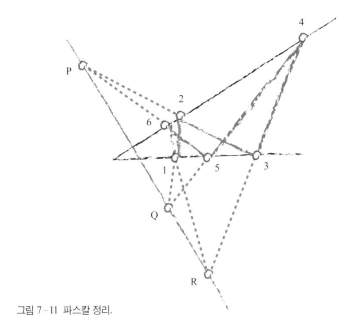

그림 7-11 파스칼 정리.

부터 6까지의 숫자로 표시했다. 이들 꼭짓점에 대응하는 점이 두 직선 위에 교차로 놓여 있다. 1과 2를 연결한 직선과 4와 5를 연결한 직선이 만나는 점을 생각한다. 육각형에서 선분 45는 선분 12와 마주 보는 변이다(선분의 대응 관계는 그림 7-12를 참조). 마찬가지로 직선 23과 직선 56이 만나는 점을 선택하고, 직선 34와 직선 16이 만나는 점을 선택한다. 그림 7-11에서 이들 점은 P, Q, R로 표시되어 있다. 파스칼 정리는 P, Q, R이 한 직선 위에 있다고 주장한다.

　　파스칼 정리는 파스칼이 1640년 열일곱 살에 출판한 소책자 〈원추곡선론〉에 들어 있다. 그는 거기에 자신의 정리에 대한 증명을 소개하지는 않았다. 추측컨대 원 위에서 먼저 정리가 성립함을 발견하고 원의 사영인 임의의 타원 위에서도 성립함을 발견한 것 같다. 파스칼은 1654년까지 〈원추

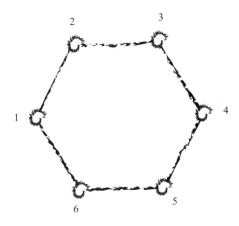

그림 7-12 육각형 위 각 선분의 대응 관계.

곡선론〉을 하나의 본격적인 저작으로 확대하는 작업을 했다. 그러나 완성 직전에 집필을 중단했다. 급작스러운 종교적 체험 이후 파스칼은 더 이상 수학이나 과학에 대한 연구를 하지 않게 되었기 때문이다. 독일의 수학자 이자 철학자 고트프리트 라이프니츠Gottfried Leibniz(1646~1716)는 그 원고를 본적이 있다고 회고한 바 있으나 이는 전해지지 않는다.

파스칼 정리가 발표되고 150년이 지난 후 파스칼 정리와 쌍둥이처럼 닮은 정리를 샤를 줄리앙 브리앙숑Charles-Julien Brianchon(1783~1864)이 발견한 다. 브리앙숑은 에콜 폴리테크니크의 학생이었을 때 이 정리를 생각해 냈다. 그는 이후 나폴레옹 군대의 포병 장교로 오랫동안 복무하다 왕립포병학교 의 교수가 되었다. 이후 퐁슬레와도 공동 연구를 하였지만 학생 때의 발견 만큼 후대에 알려진 연구를 하지는 못했다. 브리앙숑 정리는 다음과 같다.

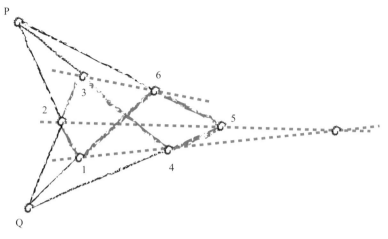

그림 7-13 브리앙숑 정리.

브리앙숑 정리

육각형 위의 변들이 한 쌍의 점을 교차하여 지나갈 때 육각형의 서로 마주

보는 꼭짓점을 연결한 세 대각선은 한 점에서 만난다.

그림 7-13에서 보면 변 12, 변 34, 변 56은 육각형에서 한 변을 건너 선택된 변들인데, 점 P의 시각 피라미드 안에 놓인다. 반면에 변 23, 변 45, 변 61도 육각형에서 한 변을 건너 선택된 변들이고 점 Q의 시각 피라미드 안에 놓여 있다. 브리앙숑 정리가 말하는 것은 이런 조건이 성립하면 직선 14, 직선 25, 직선 36이 한 점에서 만난다는 것이다. 세 직선이 평행할 수도 있는 데 이것은 무한점에서 만나는 것으로 이해하면 된다.

파스칼 정리와 브리앙숑 정리를 비교하면 흥미로운 점을 발견할 수 있다. 파스칼 정리에서 점을 선분이나 직선으로, 선분 또는 직선을 점으로 바꾸면 브리앙숑 정리를 얻는다. 일반적으로 사영기하학에서는 모든 정리가 이렇게 쌍으로 나타난다. 이런 관계를 '쌍대성duality'이라고 한다.

대칭이란 무엇인가: 군을 이용한 기하학 연구

우리는 유클리드 기하학 이외에도 사영기하학이라는 다른 기하학이 가능하다는 것을 살펴보았다. 19세기 후반 수학자들은 다양한 기하학이 가능하다는 것을 알았을 때 서로 다른 기하학 사이에 어떤 관계가 있는가에 의문을 가졌다. 1872년 스물세 살의 젊은 수학자 펠릭스 클라인은 에를랑겐 대학의 취임 강연에서 기하학은 고려의 대상이 되는 공간과 그 공간에 작용하는 변환군이 있을 때 이 변환군의 작용 아래서 불변인 성질을 공부하는 분야임을 역설했다.

유클리드 기하학을 예로 들어 보자. 도형들은 보통의 평면에 놓인 점과 직선들 또는 곡선들로 구성되어 있다. 여기서 생각하는 변환들은 평행 이동, 회전, 대칭이다. 흥미로운 점은 이들 중 두 개를 연속적으로 작용하는 것은 다른 하나의 변환을 작용하는 것으로 대치할 수 있다. 가령 서로 다른 두 직선에 대해 연속적인 대칭 이동은 하나의 회전으로 구현할 수 있다. 수학에서는 이런 구조를 가진 변환들의 모임을 군group이라고 부른다. 유클리드 기하학의 변환군은 등거리군isometry group이라고 부르는데, 이 변환들은 도형의 길이를 보존하기 때문이다. 등거리군이 보존하는 양 또는 성질은 길이, 면적, 도형의 합동, 수직성, 평행함 등이다. 사영기하학은 클라인의 관점에서 볼 때 사영군이라고 불리는 변환군의 불변량에 대한 연구다. 사영군에 속하는 변환들은 더 이상 길이나 면적 수직성, 평행함을 보존하지 않는다. 그러나 세 점이 한 직선에 있는 성질, 세 직선이 한 점에서 만나는 성질은 보존된다.

군의 개념은 19세기 초 에바리스트 갈루아가 5차 이상의 대수 방정식에서 근의 공식이 존재하지 않는다는 것을 보일 때 처음으로 사용했다. 기하학 연구에 있어서 군의 중요성을 생각하도록 클라인에게 영향을 준 사람은 마리우스 소푸스 리였다. 리는 갈루아의 연구에 영향을 받아 미분방정식의 해를 연구하기 위해 미분방정식의 대칭군을 연구하는 것이 의미가 있다는 관점을 처음으로 제시하였다. 20세기에 들어와 리의 이름을 딴 리군의 연구는 기하학과 이론물리학 연구에 중요한 도구가 되었다.

8

평행선의 혁명과 입체주의

위대한 수학자 가우스는 수학보다 천문학 분야의 업적으로 먼저 유명해졌다. 최초로 관측된 소행성 세레스Ceres▲의 위치를 계산을 통해 정확하게 예측했고, 이 업적으로 1807년 스물아홉 살의 젊은 나이에 괴팅겐의 천문대장으로 부임한다. 1818년 가우스는 하노버 공국의 정확한 지도를 만들기 위한 측지학적인 조사 프로젝트를 맡는다. 그가 수행한 측지학적인 조사는 이른바 삼각 분할이라는 과정으로 이루어져 있다. 조사 대상 지역에 이정표가 될 만한 곳을 여러 군데 선택하고 이들 사이의 거리를 측정한다. 결과적으로 얻게 되는 것은 삼각형으로 이루어진 네트워크인데, 이때 삼각형의 각 변들은 가능한 정확한 거리를 나타내야 한다.

1832년에 끝난 이 실측 조사 프로젝트를 통해 가우스는 그동안 품고

▲ 1801년 이탈리아의 팔레르모 천문대의 주세페 피아치Giusepp Piazzi가 발견했고, 가우스가 그 위치를 계산해 화성과 목성 사이에 있음을 확인했다. 세레스는 태양계에서 최초로 발견된 왜소 행성이다.

있던 의문에 대한 답을 찾고 싶었다. 이는 지구의 모양이 완전한 구형인지 아니면 타원체인지 결정하는 문제였다. 가우스는 특별히 세 산봉우리에 주목했다. 괴팅겐 근처의 호헨하겐, 하르츠 산의 브록켄, 투링거발트의 인셀베르그였다. 이들 세 산봉우리를 연결하면 변의 길이가 69킬로미터, 85킬로미터, 107킬로미터인 아주 큰 삼각형을 얻을 수 있다. 특별히 호헨하겐에서 삼각형은 거의 직각이 된다. 평면에서는 삼각형의 내각의 합이 180도이지만 구 위에서는 그렇지가 않다. 만약 지구가 구라면 가우스의 대형 삼각형 내각의 합은 180도보다 클 것이다. 좋은 시도이지만 이것이 성공적이기 어려운 것은 내각의 합과 180도 사이의 차이를 관측하려면 삼각형이 아주 커야 한다는 점 때문이다. 실제로 구면 삼각형의 내각의 합과 180도 사이의 차이는 다음 공식에 의해 주어진다.

$$\epsilon = (GM/Rc^2)(A/R^2)$$

G: 만유인력 상수, M: 지구의 질량, R: 지구의 반지름, c: 빛의 속도, A: 삼각형의 면적

가우스가 선택한 삼각형의 면적은 대략 3000㎢이었는데, 이 값에 대해 오차각은 10^{-13}라디안이니 관측상의 오차보다도 아주 작은 값이다. 따라서 관측을 통해 지구의 모양을 결정하는 것은 쉽지 않았을 것이다.

우리는 지금까지 평면 위에서의 기하학만을 생각했다. 비록 2차원 공간이라 할지라도 그 공간이 휘어진 곡면 위라면 유클리드 기하학에서 성립했던 것은 더 이상 성립하지 않는다. 이 장에서는 다른 종류의 기하학이 어떻게 가능한지에 대한 이야기를 하려고 한다. 여기에는 유클리드 이후 수세기에 걸쳐 수학자들을 괴롭혀 온 질문과 미스터리가 숨어 있다.

기하학 스캔들

IIIIIIIIIIIIIIIIIIIIIIIIIIIIIIIIIIII

유클리드 《원론》 1권에 제시된 공리들 중에서 공리 5(또는 평행선 공리)는 오랫동안 여러 수학자들을 불편하게 했다. 공리란 자명해 보이고 단순한 진술로 주어져야 하는데, 공리 5는 정리와 같은 인상을 준다.

> 공리 5. 한 직선이 두 직선과 만나서 생기는 한쪽 내각의 합이 두 직각보다 작으면 이 방향으로 두 직선을 계속 연장했을 때 두 직선은 만난다.

심지어 공리 5의 역은 명제이며 증명이 가능하다. 《원론》 1권의 명제 17이 바로 그것이다.

> 명제 17. 삼각형의 임의의 두 내각의 합은 두 직각보다 작다.

《원론》의 1권의 구성을 살펴보면 유클리드도 가능한 공리 5를 사용하지 않고 많은 명제들을 증명하고자 했던 것 같다. 명제 1부터 명제 28까지는 증명에서 공리 5를 전혀 사용하지 않는다. 동시에 명제 29부터는 명제 31을 제외한 모든 명제가 증명에서 공리 5를 사용한다. 또한 명제 26 같은 경우는 평행선 공리를 사용하면 간단히 증명할 수 있는데도 평행선 공리를 사용하지 않아 증명이 복잡하다.

이와 같은 여러 이유로 역사적으로 2000여 년에 걸쳐 여러 학자들이 평행선 공리를 좀 더 자명하고 간단한 공리로부터 증명하고자 시도했다. 그러나 아무도 성공하지 못했다. 결국 공리 5는 평행선에 관해 가능한 여러 공리 중 하나이고 다른 공리를 채택했을 때 유클리드 기하학과는 다른 기하학을 만들 수 있음을 발견하게 되었다.

평행선 공리를 증명할 수 있을까

유클리드의 평행선 공리의 증명을 처음으로 시도한 사람은 BC 1세기의 철학자 포세이도니오스Poseidonius다. 그는 고대 로마의 다 빈치였다. 철학뿐 아니라 수학, 천문학, 지리학, 역사학에도 관심을 갖고 업적을 남겼다. 그는 태양의 크기를 측정하려고 시도하기도 했고, 그가 살던 로도스에서 알렉산드리아까지의 거리를 기하학과 천문학을 이용하여 계산하기도 했다. 포세이도니오스는 평행선에 대한 유클리드의 정의를 다음과 같이 대체했다.

> 같은 평면에 있는 두 직선을 양쪽 방향으로 무한정 연장해도 두 직선 사이
> 의 거리가 항상 같다면 두 직선이 서로 평행하다고 한다.

유클리드의 평행선에 대한 정의와 비교해 보자.

> 같은 평면에 있는 두 직선이 양쪽 방향으로 무한정 연장해도 어느 방향으
> 로든 서로 만나지 않는다면 두 직선이 서로 평행하다고 한다.

포세이도니오스의 평행 조건이 유클리드의 평행 조건보다 더 강하다고 볼 수 있다. 왜냐하면 만약 두 직선이 같은 거리를 유지한다면 두 직선을 아무리 연장해도 서로 만나지 않는 것은 자명하지만 반대로 서로 만나지 않는 두 직선을 아무리 연장해도 두 직선 사이의 거리가 일정하다라는

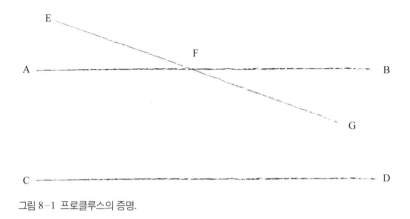

그림 8-1 프로클루스의 증명.

것은 자명하지 않기 때문이다.

포세이도니오스의 증명은 남아 있지 않지만 《원론》 1권에 대한 주석을 썼던 5세기의 철학자 프로클루스Proclus(411~485)는 포세이도니오스의 등거리 개념을 이용하여 유클리드 평행선 공리에 대한 증명을 시도했다. 프로클루스는 아리스토텔레스의 공리 — 서로 만나는 두 직선 위의 점 사이의 거리는 두 점을 적당히 움직임으로써 두 점 사이의 거리를 원하는 만큼 크게 할 수 있다 — 를 가정하면 다음을 보일 수 있다고 주장했다. 즉 두 평행선 중 하나와 서로 만나는 한 직선은 다른 평행선과도 만난다. 이는 평행선의 유일성을 의미하고 공리 5와 동치다.

프로클루스의 증명은 다음과 같다. 두 평행선을 각각 AB, CD라 하자 (그림 8-1). 직선 AB와 만나는 직선을 EG라 하고 교점을 F라 하자. 반직선 FG 위의 점이 F로부터 멀어짐으로써 그 점과 직선 AB 사이의 거리를 제한 없이 크게 할 수 있다. 두 평행선 AB와 CD 사이의 거리는 유한하므로 반직선 FG는 직선 CD를 만나게 된다. 그러나 이는 자명하지 않다. 왜냐하면 반직선 FB와 반직선 FG 사이의 거리가 점점 멀어진다고 해서 반직선

FG와 직선 CD의 거리가 반드시 줄어드는 것은 아니기 때문이다. 결과적으로 프로클루스의 증명은 틀린 증명이다.

포세이도니오스에서 시작한 등거리 개념은 근대 유럽에서 다시 등장한다. 1574년 크리스토퍼 클라비우스Christopher Clavius(1538~1612)는 등거리라는 개념을 이용해 유클리드의 평행선 공리를 대신할 공리를 제시했다. 천문학자인 그는 고대 로마 시대부터 중세까지 사용되던 달력 율리우스력을 그레고리력으로 개정할 때 주도적인 역할을 했다. 그가 쓴 천문학 교과서는 오랫동안 유럽에서 널리 사용되었다. 이 책은 그의 제자였던 마테오 리치Matteo Ricci가 중국어로 번역해 중국에 소개하기도 했다.

클라비우스가 사용한 등거리 곡선이라는 개념을 먼저 살펴보자. 주어진 직선 *l*과 그 직선 위에 있지 않은 한 점 P가 있다. 직선 *l*까지 거리가 P와 *l* 사이의 거리와 같고 P와 같은 편에 있는 점을 모아 보자. 이를 직선 *l*에 대해 점 P를 지나는 등거리 곡선이라 부른다. 클라비우스의 공리는 다음과 같다.

클라비우스의 공리

임의의 직선 *l*과 직선 *l* 위에 있지 않은 점 P에 대해서 직선 *l*에 대한 P를 지나는 등거리 곡선은 P를 지나는 직선 위의 점들로 구성되어 있다.

클라비우스의 공리는 유클리드의 공리보다 약한 공리다. 따라서 클라비우스의 공리로부터 유클리드의 공리를 얻으려면 추가적인 가정이 필요하다.

한편 몇 세기 전 아랍의 수학자이자 천문학자인 이븐 알 하이담Ibn al-Haytham(965?~1039)이 클라비우스와 비슷한 시도를 했다. 점 P로부터 직선 *l* 위에 내린 수선의 발을 Q라고 하자. 점 Q가 직선 *l* 위를 움직일 때 선분 PQ

가 직선 *l*과 수직을 유지한다면 점 P의 궤적은 직선이 되어야 한다고 주장했다. 클라비우스의 공리를 물리적으로 설명하려는 시도라고 볼 수 있다.

17세기의 영국의 수학자 존 월리스John Wallis(1616~1703)는 사뭇 다른 공리하에 프로클루스가 증명하고자 했던 것을 증명한다. 월리스는 오늘날 사용하는 무한대 기호(∞)를 처음 사용한 사람으로 알려져 있다. 뉴턴과 라이프니츠의 전 시대 사람으로 미적분학의 기초를 닦기도 했다.

월리스의 공리

주어진 삼각형 ABC와 주어진 선분 DE에 대해 선분 DE를 한 변으로 가지고 삼각형 ABC와 닮은 삼각형 DEF가 존재한다.

쉽게 표현하자면 주어진 삼각형의 세 내각을 변화시키지 않고 삼각형의 크기를 늘리거나 줄일 수 있다는 것이다. 놀라운 점은 월리스의 공리가 유클리드의 평행선 공리와 동치라는 점이다. 월리스의 공리는 유클리드 평면의 속성에 대해 말해 준다. 나중에 보겠지만 휘어진 곡면 위에서는 삼각형의 모양을 변형시키지 않고 크기를 무한정 늘리는 것은 불가능하다.

예수회 신부의 놀라운 발견

평행선의 공리를 증명하는 데 중요한 전환점은 지오바니 지롤라모 사케리에 의해 이루어졌다. 사케리는 예수회 신부였고 이탈리아 파비아에서 활동했다. 사케리는 공리 5를 부정한다면 다른 공리들과 모순이 되는 명제들을 얻게 될 것으로 기대했고, 이로 인해 다음 두 가지 가능성을 생각했다.

주어진 직선 *l*과 *l* 밖에 있는 점 P에 대하여 (1) P를 지나고 *l*과 평행한 직선은 존재하지 않는다. (2) P를 지나고 *l*과 평행한 직선은 적어도 두 개다.

사케리는 공리 5를 (1)로 대체할 경우 다른 9개 공리와 모순됨을 보이는 데 성공했다. 그러나 공리 5를 (2)로 대체할 경우 아무런 논리적 모순이 생기지 않는 것을 발견했다.

1763년 독일 수학자 게오르크 클뤼겔Georg Klügel(1739~1812)은 박사 학위 논문에서 사케리의 발견을 상세하게 분석하면서 그의 관점을 재확인한다. 클뤼겔은 괴팅겐 대학교에서 수학자이자 물리학자이자 작가이기도 한 아브라함 케스트너Abraham Kästner(1719~1800)의 지도를 받았다. 훗날 케스트너의 학생 중에는 헝가리 수학자 파르카스 보여이Farkas Bolyai(1775~1856)도 있었다. 그는 비유클리드 기하학의 창시자로 인정받는 야노시 보여이Janos Bolyai(1802~1860)의 아버지이며 또 다른 창시자인 가우스의 친구였다.

클뤼겔의 논문은 이후 독일의 수학자이자 천문학자인 요한 하인리히 람베르트Johann Heinrich Lambert(1728~1777)의 저서 《평행선의 이론》에서 상세하게 인용된다. 람베르트는 클뤼겔의 논문을 통해 알게 된 사케리의 접근법에 대해 다시 고찰한다. 그는 이 책에서 세 각이 직각인 사변형을 도입하는데, 사케리가 제시한 세 종류의 평행선 공리는 이 사변형의 네 번째 각에 대한 조건으로 환원되는 것을 보인다. 특별히 람베르트의 사변형의 네 번째 각이 예각인 경우 삼각형의 내각의 합이 두 직각보다 작다는 것을 보였다. 한발 더 나아가 그는 다각형의 결손defect에 대해 흥미로운 발견을 하게 된다. 그가 발견한 것은 *n*각형의 내각의 합과 $2(n-2)$ 직각의 차이는 *n*각형의 면적에 비례한다는 것이다. 이 발견의 의미는 반세기 후 비유클리드 기하학의 발견을 통해 제대로 밝혀지게 된다.

사케리 사변형과 람베르트 사변형

이제 사케리가 시도했던 것처럼 유클리드의 공리 5를 부정했을 때 어떤 결론을 얻을 수 있는지 살펴보자. 결론부터 말한다면 삼각형의 내각의 합이 180도가 안 될 수도 있음을 볼 수 있다. 실제로 유클리드는 《원론》 1권에서 평행선 공리를 이용하여 삼각형의 내각의 합이 180도임을 증명한다.

논의의 핵심 대상은 사케리 사변형과 람베르트 사변형이다. 사케리 사변형은 두 밑각이 직각이고 두 수직변이 같은 사변형으로 정의되고, 람베르트 사변형은 사변형의 내각 중 적어도 세 개가 직각인 사변형이다. 두 사변형은 유클리드의 공리 5를 부정했을 때 자연스럽게 생각할 수 있는 사변형이다.

먼저 직선 *l* 밖에 있는 점 *P*를 지나고 *l*에 평행한 서로 다른 직선 *m*과 *n*을 생각해 보자. 그러면 그림 8-2와 같은 람베르트 사변형을 얻을 수 있다. 여기서 사변형의 네 번째 각(직각이 아닌 각)은 예각처럼 보인다. 이는 오른쪽 변의 길이가 왼쪽 변의 길이보다 긴 것과 상관이 있는 것 같다. 이 경우

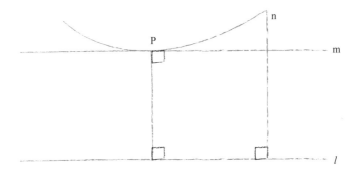

그림 8-2 P를 지나는 평행선이 두 개 이상인 경우.

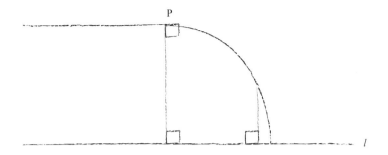

그림 8-3 P를 지나는 평행선이 없는 경우.

에 사변형의 내각의 합은 360도보다 작게 된다.

이번에는 직선 *l* 밖에 있는 점 *P*를 지나고 *l*에 평행인 직선이 없다는 공리를 생각해 보자. 이때는 그림 8-3과 같은 람베르트 사변형을 얻게 되는데, 특히 네 번째 각이 둔각처럼 보인다. 이 경우에는 사변형의 내각의 합이 360도보다 크게 된다.

먼저 사케리 사변형의 성질을 살펴보자. 평행선 공리를 제외한 유클리드의 나머지 9개 공리를 가정하자. 이때 평행선 공리를 사용하지 않고 증명할 수 있는《원론》의 명제들을 그대로 사용하여 사케리 사변형이 다음의 두 성질을 만족함을 보일 수 있다.

1. 사케리 사변형의 두 윗각은 서로 같다.
2. 윗변의 중점과 아랫변의 중점을 연결한 선은 윗변과 아랫변에 각각 수직이다.

첫 번째 성질의 결과로 사케리 사변형은 윗각이 예각인 경우, 직각인 경우, 둔각인 경우 세 가지로 나눌 수 있다. 유클리드 기하학에서는 사케리

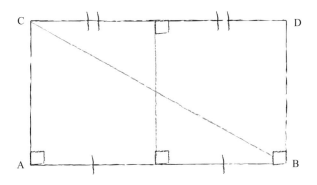

그림 8-4 각의 정리의 증명.

사변형의 윗각은 항상 직각이다. 이는 물론 유클리드의 다섯 번째 공리의 결과다.

사케리 사변형의 논의에 있어 핵심적인 결론은 각에 대한 다음의 정리다.

각의 정리

임의의 삼각형의 내각의 합이 180도보다 작을 필요충분조건은 사케리 사변형의 윗각이 예각이 되는 것이다.

마찬가지로 람베르트 사변형에 대해서도 같은 결론을 내릴 수 있다.

람베르트 사변형에 대한 각의 정리

임의의 삼각형의 내각의 합이 180도보다 작을 필요충분조건은 람베르트 사변형의 네 번째 각이 예각이 되는 것이다.

이는 주어진 람베르트 사변형을 네 번째 각을 포함하지 않는 변에 대해 대칭시켜 서로 대칭시킨 변을 따라 이어 붙이면 사케리 사변형이 됨을 이용하면 된다.

비유클리드 기하학의 탄생

유클리드의 평행선 공리를 부정한 사케리와 람베르트는 유클리드 기하와 다르지만 무모순의 기하학적 체계를 얻을 수 있음을 발견했다. 그럼에도 비유클리드 기하학이 탄생하기까지는 반세기 이상의 시간이 필요했다. 다른 평행선 공리하에서 다른 기하가 가능하다고 처음으로 인정한 사람은 가우스다. 가우스는 이를 생전에 발표하지 않았다. 논리적인 추론의 결과임에도 불구하고 유클리드 기하와 대등한 의미 있는 기하로 인정한다는 것은 당시 사상적 흐름에 있어서 무척 어려운 일이었기 때문이다. 임마누엘 칸트의 입장, 즉 유클리드 기하만이 진리이고 우리가 태어날 때부터 우리 안에 내재된 선험적 지식이라는 것에 반하는 주장을 하는 데는 큰 용기가 필요했을 것이다.

비유클리드 기하학에 대한 첫 논문을 발표한 사람은 러시아의 수학자 이바노비치 로바쳅스키Ivanovich Lobachevski(1792~1856)다. 1826년 카잔 대학교에 제출한 논문 〈평행선 정리의 엄밀한 증명을 포함한 기하학 원리 논고〉에서 로바쳅스키는 주어진 직선에 평행하고 공통된 점을 지나는 두 개의 평행선에 대해 설명하고, 그 경우 삼각형의 내각이 180도보다 작다는 것을 보여주었다. 이후 로바쳅스키는 자신의 발견을 상트페테르부르크 아카데미에 정식 논문으로 제출했으나 당시 유명한 러시아 수학자였던 미하일 오스트로그라드스키Mikhail Ostrogradski(1801~1862)가 게재를 거부했다. 로바쳅스키의 논문은 러시아어로 쓰여졌기 때문에 유럽에는 알려지지 않았다.

로바쳅스키는 후에 프랑스어와 독일어로 자신의 결과를 유럽에 발표했다. 그 결과의 중요성을 알아본 사람은 가우스뿐이었다. 가우스에게는 새로운 결과가 아니었지만 로바쳅스키가 문제를 다루고 풀어 나가는 방식을 높이 평가하지 않을 수 없다. 심지어 로바쳅스키의 이전 논문을 읽기 위해 러시아어를 공부하기도 했다. 그러나 가우스는 공개적으로 로바쳅스키의 업적을 소개하지도 않았고 그와 교류하지도 않았다.

쌍곡기하학

로바쳅스키의 아이디어를 상세히 설명하는 것은 이 책의 범위를 넘어가기에 여기서는 가장 핵심이 되는 아이디어 하나를 설명하려고 한다. 로바쳅스키와 보여이의 발견에서 핵심이 되는 개념 중 하나는 이른바 '극한 평행 반직선'이라는 것이다. 먼저 두 평행선 l과 m을 생각한다(그림 8-5). 두 평행선은 점 P와 점 Q에서 공통 수선을 가진다. 반직선 PS와 PQ 사이에 있는 점 P에서 출발하는 반직선들을 생각해 보자. 이 중 어떤 반직선 — PR이라고 하자 — 은 직선 l과 만난다. 반면에 어떤 반직선 — PY라고 하자 — 은 직선 l과 만나지 않는다. 이제 점 R이 Q에서 점점 멀어진다면 반직선 PR은 어떤 반직선 PX로 수렴할 것이다. 그리고 PX는 직선 l과 만나지 않는다. 이제 반직선 PX와 PS 사이의 어떤 반직선도 직선 l과 만나지 않는다. 반직선 PX를 직선 l의 '좌극한 평행 반직선'이라 부르자. 마찬가지로 직선 l의 '우극한 평행 반직선'을 정의할 수 있다.

이와 같은 상황에서는 점 P를 지나는 직선 중 직선 l과 만나지 않는 직

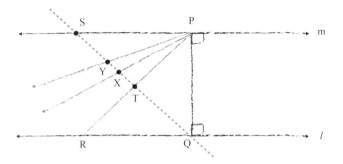

그림 8 - 5 좌극한 평행 반직선.

선은 무수히 많음을 알 수 있다. 로바쳅스키는 이 가정으로 유클리드의 평행선 공리를 대체했고, 이 결과로 새로운 기하학을 얻을 수 있다는 것을 보였다. 이렇게 해서 탄생한 기하학을 쌍곡기하학hyperbolic geometry이라 하고 쌍곡기하를 적용한 평면을 쌍곡 평면hyperbolic plane이라고 한다. 펠릭스 클라인이 쌍곡기하학이라는 이름을 처음 사용했다. 러시아에서는 쌍곡기하학이라는 이름 대신 로바쳅스키 기하학이라는 이름을 사용한다.

푸앵카레 모델

유클리드 기하학이나 사영기하학 모두 어떤 공리 시스템이 있고, 그 공리 시스템을 만족하는 실제적인 모델을 예로 들 수 있었다. 쌍곡 평면의 경우에도 실제적인 모델이 어떤 것이 있는가는 중요한 관심사가 될 수 있다. 여러 가지 모델 중 여기서는 푸앵카레의 모델을 살펴본다. 푸앵카레 원판은 경계를 포함하지 않는 원이다. 여기서 직선은 중심을 지나는 모든 직선과

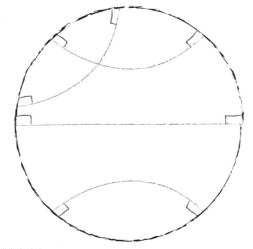

그림 8-6 푸앵카레 원판.

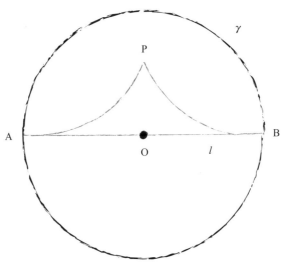

그림 8-7 극한 평행 반직선.

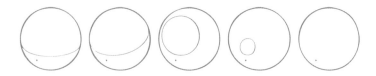

최후의 르네상스인 '푸앵카레'

2003년은 푸앵카레의 이름이 일반인에게도 알려진 해였다. 그해 러시아의 수학자 그리고리 페렐만이 100년 가까이 해결하지 못했던 푸앵카레의 예상을 풀었다고 발표했다. 푸앵카레는 유한하고 닫혀 있는 3차원 공간 중 모든 폐곡선을 한 점으로 축소시킬 수 있는 공간은 3차원 구면뿐이라고 예상했다. 이 문제는 아주 어렵고 중요한 문제로 인식되었고, 21세기의 시작과 함께 클레이 수학 연구소에서 제시한 해결해야 할 난제 7개 중 하나였다.

앙리 푸앵카레는 다비트 힐베르트와 더불어 현대 수학의 두 기둥으로 여겨지는 수학자다. 프랑스의 소르본 대학과 에콜 폴리테크니크의 교수였던 그의 업적은 위상수학, 기하학, 복소함수론, 삼체문제, 동역학, 물리학, 수리철학 등 다방면에 걸쳐 있다. 오늘날 수학자들이 사용하는 수학적 대상에는 그의 이름이 붙은 것들이 수도 없이 많다. 그는 펠릭스 클라인과 기하학적 함수론에 관한 문제로 대결을 펼친 것으로 유명하다. 결국 이 과도한 경쟁으로 클라인은 신경쇠약에 걸렸고 다시는 연구를 할 수 없었다고 전해진다.

푸앵카레는 아인슈타인과 거의 동시에 상대성 이론을 제시했다고 알려졌다. 그가 일반인을 위해 쓴 과학에 대한 에세이를 모은 책《과학과 가설》은 당시에 베스트셀러가 되기도 했다. 그는 58세라는 이른 나이에 세상을 떠났다. 파리에는 그의 이름을 딴 응용수학연구소가 있는데, 이곳에서 발간하는 그의 이름을 딴 수학 저널은 최고의 수학 저널 중 하나로 평가받는다.

원의 경계와 수직으로 만나는 원의 부분이다.

푸앵카레 원판은 쌍곡 평면인데, 그림 8-7과 같이 극한 평행 반직선을 구성할 수 있다. 그림에서 점 P를 지나는 직선과 직선 *l*이 만나는 점은 원의 경계인데, 원의 경계는 푸앵카레 원판에 포함되지 않으므로 푸앵카레 원판에서 두 직선은 만나지 않는다.

물리적 공간의 기하학

유클리드의 공리계에서 평행선 공리만을 다른 종류의 평행선 공리로 바꾸었을 때 새로운 종류의 기하학을 얻을 수 있음을 발견했다. 이후 자연스럽게 '우리가 살고 있는 물리적 공간을 설명하는 기하는 어떤 것인가?'라는 질문으로 이어졌다. 유클리드 기하학은 오랫동안 우리가 살고 있는 물리적 공간을 잘 설명하는 기하학이었고, 이는 유클리드 기하학이 진리임을 확신하게 한 이유가 되었다.

우리는 푸앵카레 원판에 직선을 잘 정의함으로써 원판을 쌍곡 평면으로 만들 수 있음을 보였는데, 이와 같은 기하가 성립할 수 있는 물리적 모델을 생각해 보자. 그림 8-7에서 우리는 직선 *l*과 점 P에 대한 극한 평행 반직선이 점 P와 점 A를 지나는 원의 일부임을 살펴보았다. 푸앵카레 평면이 극한 평행 반직선을 허용하는 이유는 우리가 직선을 정의하는 방식 때문이었다. 이것은 적당한 물리적 모델로 설명될 수 있다. 원판을 하나의 우주 공간이라고 하자. 원판의 중심에서는 거리에 비례해 공간의 밀도가 증가한다고 가정하자. 원판의 경계로 갈수록 밀도는 무한대로 발산한다. 가령 밀도함수가 $\mu(r) = A \tan\left(\dfrac{\pi}{2} r\right)$로 주어질 수 있다. 여기서 r은 중심으로부터

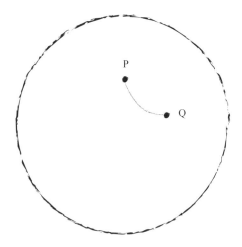

그림 8-8 푸앵카레 원판에서의 운동 경로.

의 거리고 A는 상수다. 원판의 반지름은 1이라 하자. 원판 위의 두 점을 연결하는 직선은 우주선이 한 점에서 다른 점으로 이동하는 가장 효율적인, 다시 말하면 에너지가 가장 적게 드는 경로가 될 것이다. 이제 점 P와 점 Q를 잇는 '직선'이 무엇이 되어야 할지 생각해 보자(그림 8-8). 점 P에서 출발한 우주선이 점 Q로 가고자 할 때 가장 에너지가 적게 드는 경로가 직선이 될 것이다. 그러기 위해서 경로는 가능한 밀도가 상대적으로 낮은 부분을 많이 통과해야 할 것이다. 중심에 가까울수록 밀도는 낮기 때문에 경로는 중심을 향해서 휘는 모양이 되어야 한다.

어떤 기하가 물리적 공간을 설명하는가라는 질문은 직선을 어떻게 이해하는가라는 질문과 연관되어 있다. 일반적인 공간에서 직선은 무엇인가에 대한 새로운 이해를 가져다 준 사람은 가우스의 제자였던 게오르크 베른하르트 리만Georg Bernhard Riemann(1826~1866)이다.

1854년 리만은 괴팅겐 대학교에서 강연할 때, 공간 두 점 사이의 거리를 결정하는 방식이 그 공간의 기하를 결정한다는 관점을 제시했다. 이는 곡면에 대한 가우스의 연구에 영향을 받은 것이다. 가우스에 따르면 곡면에 내재적인 곡률을 정의할 수 있어서 곡면을 잡아당기거나 휘게 하여도 곡률이 변하지 않는다. 또한 곡면을 3차원 공간에 넣는 방식이 달라져도 곡률은 변하지 않는다.

지구 밖 우주선에서는 지구의 모양이 구면인 것을 쉽게 확인할 수 있다. 그런데 우리가 지구 위에만 있어도 지구가 기하학적으로 구면이라는 것을 알 수 있는 방법이 있다. 지구 위 여러 점들 사이의 거리에 대한 데이터를 분석함으로써 내재적인 곡률을 알아낼 수 있고 이것이 지구가 기하학적으로 어떤 곡면인지 알려 준다. 리만은 이 생각을 좀 더 일반화했다. 리만의 강연은 1868년《기하학의 기초에 놓인 가정에 관하여》란 제목으로 출판되었는데, 리만 기하학의 시작을 알린 이 강연은 훗날 아인슈타인이 상대성 이론을 만드는 데 큰 영향을 주었다.

비유클리드 기하학과 상대성 이론

리만의 강연이 있은 지 반세기 후, 직선을 어떻게 봐야 하느냐는 질문과 연관해 흥미로운 관측이 있었다. 1919년 5월 29일 옥스퍼드 대학교의 천문학자 아서 에딩턴Arthur Eddington(1882~1944)이 이끄는 팀이 개기일식을 관측한 결과, 별의 위치가 약간 이동해 있는 것을 발견했다. 즉 별빛이 태양 근처를 통과하여 지구로 올 때 빛의 경로가 휘는 것을 확인한 것이었다. 이는 아인슈타인의 상대성 이론을 확인해 준 실험이었고, 동시에 우주 공간에서 최단 거리선geodesic은 직선이 아니라 곡선일 수도 있음을 알려 주었다. 이

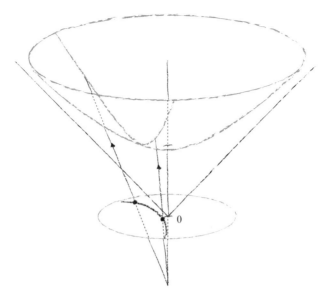

그림 8-9 민코프스키 공간의 쌍곡 곡면과 푸앵카레 원판.

관측은 비유클리드 기하학이 물리적 공간에 맞는 기하인가에 대한 질문에 시사점을 주었다.

아인슈타인의 상대성 이론은 우리에게 공간과 시간이 따로 독립되어 있는 것이 아니라 서로 밀접하게 연결되어 있다고 알려 준다. 시공간은 물리적 현상을 설명하는 기본적인 바탕이 된다. 수학적으로 상대성 이론을 잘 설명할 수 있는 공간은 민코프스키 공간인데, 물체의 운동을 설명하는 3차원과 시간의 1차원을 결합한 4차원 공간이다. 이름은 독일 수학자 헤르만 민코프스키Herman Minkowski(1864~1909)의 이름에서 가져 왔다. 민코프스키는 취리히 연방 공과대학교에서도 강의를 했는데, 그때 아인슈타인을 가르치기도 했다. 공간을 나타내는 좌표가 (x, y, z, t)라면 두 점 (x_1, y_1, z_1, t_1) 와 (x_2, y_2, z_2, t_2) 사이의 거리는 다음과 같이 주어진다.

$$\sqrt{(x_1 - x_2)^2 + (y_1 - y_2)^2 + (z_1 - z_2)^2 - c^2(t_1 - t_2)^2}$$

c: 빛의 속도

민코프스키 공간은 푸앵카레 원판과 관련이 있다. 민코프스키 공간에서 $z = 0$인 초 평면 안의 쌍곡 곡면 $x^2 + y^2 - c^2t^2 = 1$ 상의 직선, 즉 최단 거리선은 원점을 지나는 평면과의 교선이다. 이를 $t = 0$인 평면으로 사영시키면 푸앵카레 원판 위의 직선들을 얻을 수 있다.

비유클리드 기하학과 입체주의

입체주의는 1907년과 1914년 사이 두 아방가르드 집단에서 태어났다. 하나는 파블로 피카소Pablo Picasso(1881~1973)와 조르주 브라크Georges Braque (1882~1963), 다른 하나는 알베르 글레이즈Albert Gleizes(1881~1953), 장 메챙제 Jean Metzinger(1883~1956), 페르낭 레제Fernand Leger(1881~1955), 앙리 르 포코니에Henri Le Fauconnier(1881~1946), 로베르 들로네Robert Delaunay(1885~1941)로 이루어진 그룹이었다. 조르주 브라크는 1908년 연작 '에스타크의 풍경'을 살롱전에 출품했으나 모두 낙선하고 만다. 그때 심사위원이었던 앙리 마티스 Henri Matisse(1869~1954)가 이 작품들에 대해 '입방체cube들의 집합'이라고 평했다. 이후 미술비평가 루이 복셀Lois Vauxcelles이 마티스의 평을 인용하면서 입체주의Cubism란 용어가 시작되었다.

입체주의의 출발을 알린 작품은 1907년 발표한 피카소의 〈아비뇽의 여인들〉이다. 여기서 입체주의의 특징이라고 할 수 있는 형태의 변형이 처음으로 등장한다. 입체주의 화가들은 예술이 자연을 재현해야 한다는 개

그림 8 - 10 조르주 브라크의 '에스타크의 풍경' 연작 중 〈에스타크의 집〉.

념과 원근법을 포함한 전통적 기법을 거부했다. 그들은 2차원 평면에서 피사체를 다루는 방법으로 사물을 조각내어 기하학적 유형으로 변형시키고 이를 2차원 평면 안에서 재배열하는 방법을 사용했다.

입체주의의 개념적이고 기법적인 특징들은 대부분 회화사의 발전 자체에서 기인하지만, 기하학이 주는 새로운 인식도 이에 기여하는 바가 있어 흥미롭다. 입체주의 화가들과 활발하게 교류하던 모리스 프랭세Maurice Princet는 보험설계사였지만 수학과 미술에 관심이 많았다. 수학자 에스프리 주프레Esprit Jouffret(1837~1904)의 《4차원 기하학에 대한 기본 논고》를 읽던 어느 날 그 책에 실린 4차원 도형에 대한 다이어그램이 피카소의 〈앙브루아르 볼라르의 초상〉과 유사하다는 것을 발견하였다. 입체주의 화가들의 예술적 시도가 본래 기하학적 연구에서 온 것은 아니었지만 프랭세는 입체

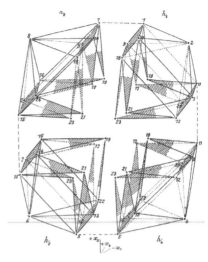

그림 8-11 파블로 피카소의 〈앙브루아르 볼라르의 초상〉(왼쪽)과 에스프리 주프레의 4차원 도형 다이어그램.

주의 화가들이 하는 시도가 갖는 의미를 현대 기하학의 관점에서 설명할 수도 있겠다고 생각했다. 입체주의 화가이며 미술학교 교사였던 앙드레 로트Andre Lhote(1885~1962)가 1933년 한 예술 잡지에 발표한 글에서 프랭세가 입체주의 화가들에게 환기시켰던 질문을 발견할 수 있다.

> 당신은 원근법을 사용하여 테이블을 사다리꼴로 표현할 수 있다. 그러나 만약 당신이 테이블을 하나의 유형으로 표현하기로 했다면 어떻게 될까? 당신은 화면에 사다리꼴을 다시 직사각형으로 펼 것이다. 만약 테이블에 다른 물체가 있어 원근법하에서 함께 그려졌다면 이 물체도 하나의 유형으로 표현될 것이다. 가령 유리컵의 단면은 완전한 원이 될 것이다. 그러나 이것이 전부가 아니다. 이 물컵과 테이블을 아주 극단적인 각도에서 본다면

테이블은 약간의 두께를 가진 수평의 막대기일 것이고 물컵의 경우 바닥과 둘레를 나타내는 수평선으로 표현될 것이다.

프랭세와의 교류 외에도 메챙제와 글레이즈를 비롯한 입체주의 이론가들로 하여금 비유클리드 기하학에 관심을 갖게 한 것은 당시 베스트셀러였던 푸앵카레의 저서 《과학과 가설》이었다. 입체주의자들은 형태를 변형시키는 것에 관심이 많았는데, 푸앵카레의 저작에서 그것에 대한 합당한 논리를 발견했던 것이다. 메챙제와 글레이즈는 《입체주의에 대해Du Cubisme》에서 입체주의의 회화적인 공간에 대해 다음과 같이 말한다.

그럼에도, 적어도 현재로서는 자연적 형태의 흔적들을 완전히 없어지게 할 수는 없음을 인정하자. 예술은 단번에 순수한 발산의 단계에 이를 수는 없다. 회화적인 유형과 그것이 창출해 내는 공간을 공부하는 입체주의 화가들은 이를 이해하고 있다. 우리는 이 공간을 순수한 시각적 공간 또는 유클리드 공간과 혼동해 왔다. 유클리드는 자신의 공리 중 하나에서 운동 중인 도형의 변형 불가능성을 가정한다. 따라서 우리는 그것을 고집할 필요가 없다. 만약 우리가 회화적 공간을 특정한 기하학과 연결하기를 원한다면 비유클리드 기하학을 참조해야 한다. 어느 정도까지는 리만의 정리들을 공부해야 한다.

도형에 대해 오직 평행 이동과 회전 대칭 이동만을 허용했던 유클리드 기하학의 기본 가정은 어디까지나 가능한 가정 중 하나임을 비유클리드 기하학이 보여 주었다. 이로 인해 화가들도 회화적인 공간을 고전적인 유클리드 공간으로만 제한하지 않고 회화적 형태의 다양한 변형을 허용하는 비유클리드 공간으로 대체할 수 있음을 선언한다. 리만 기하학에 따르면 곡률이 일정하지 않은 공간이 존재한다. 그러한 공간을 따라서 도형이 움직인다면 다양한 모양으로 변형된 모형을 얻을 수 있다. 도형의 본래 모양 자체를 왜곡시킬 수 있는 공간의 개념은 입체주의 예술가들에게 큰 영감을 주었다. 입체주의는 이후 이탈리아의 미래주의, 러시아의 구성주의, 네덜란드의 데 스테일De Stijl, 유럽의 다다이즘에 직접적인 영향을 주었다.

차원주의 선언문

형가리 시인이자 아방가르드 예술의 이론가인 샤를 시라토Charles Sirato (1905~1980)는 1936년 '차원주의 선언문Dimensionist menifesto'을 발표한다. 20세기 전반의 예술의 다양한 운동의 핵심이자 근간 중 하나로서 차원에 대한 인식을 강조하고자 하는 것이 선언문의 주요 골자다. 시라토의 선언문에는 여러 예술가들이 서명에 동참했다. 이 중에는 바실리 칸딘스키Wassily Kandinsky(1866~1944), 마르셀 뒤샹Marcel Duchamp(1887~1968), 알렉산더 콜더 Alexander Calder(1898~1976), 호안 미로Joan Miró(1893~1983) 같은 예술가들이 포함되어 있다. '차원주의 선언문'에는 특히 비유클리드 기하학의 역할에 대해 논한다. 이 선언문의 일부를 살펴보면 다음과 같다.

> 보여이에서 아인슈타인에 이르는 기하학, 수학, 물리학에서 이루어지는 공간과 시간 개념의 발전은 우리 시대에도 진행 중이다. 차원주의는 현대 정신이 이러한 공간과 시간에 대해 갖는 완전히 새로운 개념이며 우리 시대가 받은, 생명에 대한 차원주의라 불리는 기술적 선물이다 …… 우리는 이

전에 당연하게 받아들였던 것처럼 공간과 시간이 절대적으로 반대가 아닌 서로 분리되지 않는 범주임을 받아들여야 한다. 이들은 비유클리드적 개념에서 연관되어 있는 차원이다. 이 사실을 받아들이거나 이를 우리의 철저한 의식의 수단으로 여김으로써 예술의 모든 오래된 경계와 장벽이 갑자기 사라지게 된다 …… 조각은 닫혀 있고, 움직이지 않는 형태, 즉 유클리드 공간에 갇혀 있는 형태에서 걸어 나와 예술적 표현을 위해 민코프스키의 4차원 공간을 취해야 한다.

이 선언문을 볼 때 입체주의자뿐만 아니라 미래주의나 초현실주의 운동에 참여하였던 예술가들이 비유클리드 기하학에서 받았던 영향은 주로 공간과 시간에 대한 관념의 변화로 요약될 수 있다. 물론 시공간에 대한 우리의 인식을 근본적으로 바꾼 것은 아인슈타인의 상대성 이론이다. 그러나 유클리드 기하학이 유럽의 기본적인 교육임을 기억한다면 아방가르드 운동을 한 예술가들이 비유클리드 기하학이 하려고 하는 것을 어렴풋이 이해했다고 봐도 무리는 없을 것이다. 비유클리드 기하학이나 상대성 이론은 오랫동안 당연한 것으로 받아들여진 것에 대한 거부다. 이것들이 다루는 내용은 예술가의 주 관심 대상인 공간이기에, 그들은 자신들의 전복적인 예술적 시도를 대변하는 하나의 상징처럼 비유클리드 기하학을 사용했을 수도 있다.

푸앵카레가 에스허르를 만났을 때

네덜란드의 화가 마우리츠 코르넬리스 에스허르Maurits Cornelis Escher (1898~1972)는 수학자들 사이에서 인기가 많다. 그는 대칭성을 적용해 일종의 타일링식의 반복되는 패턴을 이용한 그림으로 유명하다. 물고기들이 헤엄치는 데 자세히 보면 새들이 날아간다든지, 물고기 떼가 보이는 그림인데 달리 보면 가오리 떼의 그림이라든지, 바다의 물고기 떼가 하늘과 만나면서 새 떼로 변하는 그림 등을 예로 들 수 있다. 에스허르는 특별히 수학 교육을 받았거나 수학에 재능이 있었던 것은 아니라고 한다.

캐나다의 기하학자 맥도널드 콕서터MacDonald Coxeter는 1954년 암스테르담에서 열린 세계수학자대회에서 에스허르의 판화를 처음 접했다. 3년 후 학회에서 에스허르의 그림을 가지고 발표를 한 콕서터는 그 논문을 에스허르에게 보내 주었다. 에스허르는 콕서터의 논문을 보다가 푸앵카레 원판의 삼각 분할 그림에 큰 충격을 받았다. 쌍곡 타일링이라 불리는 이 삼각 분할에서 삼각형들은 원판의 경계원으로 접근하면서 점점 작아지는데, 이는 에스허르가 유한 공간에서 무한을 표현하기 위해 찾던 바로 그것이었다. 에스허르는 콕서터에게 편지를 보내 삼각 분할의 다른 방법이 있는지 물어 보았다. 콕서터는 친절하게 장문의 답변을 보내 주었지만 콕서터의 구성법은 에스허르가 원하던 것이 아니었다. 그 후 몇 년간 이 문제와 씨름한 에스허르는 마침내 만족스러운 구성을 찾아냈고 〈서클 리미트 3Circle Limit Ⅲ〉를 완성해 콕서터에게 보여준다. 작품을 본 후 콕서터는 몇 년 전 자신이 보냈던 답장에서 착각했던 점이 있음을 깨달았고 에스허르에 대해 깊은 존경심을 갖게 되었다.

9

무질서의 세계를 읽다

프랙털 기하학

프랑스의 해체주의 철학자 자크 데리다Jacques Derrida(1930~2004)는 어느 날 건축가 베르나르 추미Bernard Tschumi(1944~)의 전화를 받았다. 추미는 라 빌레트 공원의 설계 공모전을 준비하고 있다며 함께할 의향이 있는지를 물었다. 추미의 제안을 들은 데리다는 "왜 건축가가 내 철학에 관심을 갖죠? 해체주의는 형태와 위계질서 및 구조를 거부하는 것인데, 이는 본래 건축이 추구하는 방향과 다른 것 아닌가요?"라는 질문을 던졌다. 그러자 추미는 "사실 그 이유 때문에 관심을 갖는 것입니다"라고 답했다.

　　철학에서 해체주의는 어떤 문학 텍스트나 예술 작품이 독자나 관찰자의 해석에 열려 있다고 본다. 단어와 의미 사이에는 절대적인 연결점이 없다는 것이 해체주의의 기본 주장이다. 전통적으로 형이상학은 존재의 본성에 관심을 가졌다. 20세기 들어 철학자들은 전통적인 형이상학적 명제들이 참인지 거짓인지 판단할 수 없기에 더 이상 의미가 없다고 생각했다. 대신 형이상학의 초점은 어떤 진술이 의미를 가지는 방식에 맞추어져야 한다고 주장했다. 훗날 데리다는 건축을 다른 어떤 것에 복속시키는 전통에 반기를 든 당시의 시도에 매료되었기 때문에 추미의 제안을 받아들였다고 말했다.

건축이론가로 활동하던 추미에게 라 빌레트 프로젝트는 실제로 땅 위에 세워진 첫 번째 건축 결과물이었다. 그는 현대 사회가 보여 주는 용도, 형태, 사회적 가치 사이의 단절에 주목했다. 라 빌레트 공원의 디자인에서 추미는 구성과 위계와 질서에 대한 전통적인 규칙을 참조하지 않고도 복잡한 구조물을 구성할 수 있음을 증명하고 싶었다. 그는 점, 선, 면이라 불리는 세 가지 시스템을 사용해 공원을 디자인했다.

파리 동북쪽에 위치한 35헥타르에 해당하는 라 빌레트 공원에는 여러 개의 정원이 있다. 각 정원은 곡선으로 이루어진 보도로 연결되어 있고 다

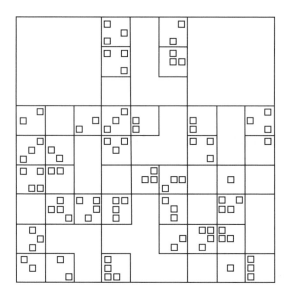

그림 9-1 라 빌레트 공원 평면도.

시 정원들을 연결하는 거시적인 곡선형 보도들이 존재한다. 점의 시스템은 공원 여기저기 흩어져 있는 35개의 폴리folly로 구성되어 있다. 폴리는 정원에 놓이는 장식적 구조물이다. 추미는 폴리를 구성하는 데 변형 규칙을 사용했다. 변형은 반복과 뒤틀림, 합성, 파편화라는 일련의 과정으로 이루어진다. 데리다의 철학이 실현된 곳이 바로 이 폴리들이다. 폴리들은 소통을 위한 어떤 형태적 의미를 가지고 있지 않다. 그러므로 그 의미의 해석은 열려 있다. 폴리는 면의 시스템 구조물들 사이를 채운 영역들로 이루어져 있는데 다양하고 자유로운 모양을 취하고 있다. 추미는 이질적인 이들 세 시스템을 합성함으로써 전통적 질서에 대한 거부를 구현할 수 있었다.

추미가 공모전에 제출한 한 도면(그림 9-1)은 수학적으로 잘 알려져 있는 어떤 대상물을 연상시킨다. 그것은 바로 시에르핀스키 카펫▲이다. 시에르핀스키 카펫을 얻는 과정은 다음과 같다. 먼저 정사각형을 9등분한 후 가운데 정사각형을 제거한다. 남은 8개의 정사각형 각각의 한 변은 처음 정사각형의 한 변 길이의 1/3이 된다. 이제 각 정사각형에 같은 과정을 적용한다. 길이 1/3의 정사각형을 9등분한 후 가운데 정사각형을 제외한다. 남은 것은 길이 1/9의 8개의 정사각형이다. 이 과정을 무한히 반복해 얻은 것이 시에르핀스키 카펫이다(그림 9-2). 그렇다면 시에르핀스키 카펫은 몇 차원일까? 평면이기 때문에 당연히 2차원이라고 생각할 수 있다. 하지만 이 카펫은 구멍이 너무나 많아서 어쩌면 곡선에 가까울지도 모른다는 생각이 들 수도 있다. 그렇다면 1차원일까? 사실 유클리드 기하로는 시에르핀스키 카펫의 차원을 정의할 수 없다. 이 장에서 살펴볼 수학적 대상은 이렇게 전

▲ 폴란드의 수학자 바츠와프 시에르핀스키Wacław Sierpiński(1882~1969)의 이름을 붙인 것이다. 그는 집합론과 수론 및 위상수학에 기여했다.

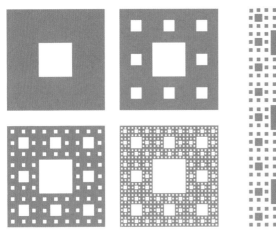

그림 9-2 시에르핀스키 카펫.

통적인 차원으로는 설명할 수 없는 기하학적 구조물이다.

해안선의 길이는 어떻게 측정하는가

우리나라 남해안은 해안선이 무척 복잡하다. 남해안의 해안선 길이는 어떻게 측정해야 할까? 수학적으로 이는 곡선의 길이를 정의하고 계산하는 문제다. 한 가지 방법은 곡선 위에 몇 개의 점을 선택하고 이 점들을 직선으로 연결해 이 직선들 길이의 합을 구하는 것이다. 이웃하는 두 점 사이의 거리가 멀다면 두 점을 연결하는 곡선의 실제 길이와 두 점을 연결하는 직선의 길이는 상당한 차이가 있을 것이다. 그러나 두 점 사이에 중간 위치의 점을 하나 더 선택해서 두 개의 직선으로 연결한다면 두 직선의 길이의 합은 한 직선의 길이보다 곡선의 길이에 더 가까울 것이다. 즉 점을 선택하되 이웃하는 점들의 평균적인 거리가 점점 좁아지도록 점의 개수를 늘린다면

그림 9-3 영국 해안선의 길이 측정.

직선으로 근사한 거리는 실제 곡선의 거리에 가까워질 것이다. 그러나 여기에는 사실 극한의 개념이 들어 있다. 곡선이 계속해서 아주 복잡하게 방향을 바꾼다면 위와 같은 근사 과정이 극한을 가지지 않을 수도 있다. 우리가 생각하고 있는 남해안의 해안선 같은 경우가 그렇다.

1921년 영국의 수학자이자 기상학자 루이스 리처드슨Lewis Richardson (1881~1953)은 영국의 해안 길이를 포함한 여러 지역의 해안 길이를 조사하면서 흥미로운 발견을 한다. 그가 사용한 방법은 측정의 기본 보폭 길이(s)를 정하고 s로 몇 걸음으로 해안을 걸을 수 있는지를 세어 보는 것이었다. 가령 그림 9-3처럼 보폭 길이를 잡으면 서부 해안의 경우 땅 끝에서 북쪽 끝 던켄즈비 헤드Duncansby Head까지 10걸음에 갈 수 있다. 이 경우 서부 해

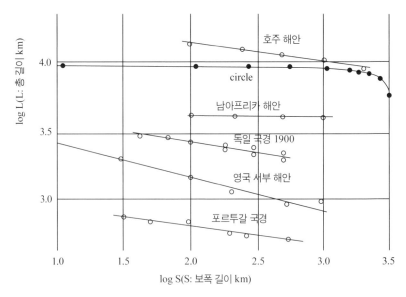

그림 9 – 4 해안선의 길이와 기본 보폭 길이의 관계.

안 길이의 근삿값은 10s가 된다. 그러나 s값이 크기 때문에 해안의 들어가고 나가는 부분을 많이 놓치고 있음을 알 수 있다. 정확한 값을 얻으려면 s의 값을 더 작게 잡으면 될 것이다.

선택한 보폭 길이 s에 대한 해안의 길이를 L이라 하자. 리처드슨은 여러 해안에 대한 s와 L에서 다음과 같은 상관관계를 발견하였다. 여기서 s와 L의 값 모두 큰 수이므로 s와 L의 그래프 대신 logs와 logL의 그래프를 얻었는데, 그래프가 직선을 이루는 것을 볼 수 있다(그림 9–4). 따라서 logs와 logL의 관계는 1차식

$$\log L = m \log s + b$$

로 쓸 수 있다. 여기서 m은 기울기, b는 수직축의 절편이 된다. 리처드슨의 데이터를 이용해 영국의 서부 해안에 대한 m과 b값을 결정할 수 있는데, 그 식은 다음과 같다.

$$\log L = -0.25 \log s + 3.7$$

이 식을 L에 대해서 쓰게 되면

$$L \approx 5000 s^{-0.25}$$

로 쓸 수 있다. 이 식이 의미하는 바를 살펴보자. 만약 보폭의 길이 s가 점점 작아진다면 L의 값은 제한 없이 계속 커지게 된다. 가령 보폭의 길이가 0.001km($= 1$m)라면 L은 28,000km가 된다. 이는 지구 둘레의 70%에 해당하는 길이로, 비현실적인 길이다. 이 결과를 어떻게 해석해야 할 것인가?

정사각형의 길이는 얼마인가

위의 문제를 이해하기 위해 길이가 1인 정사각형의 '길이'를 재 보자. 정사각형이라는 기하학적 대상의 길이를 재려면 역시 길이를 재는 도구를 사용하는 것이 자연스럽다. 즉 길이가 1인 선분 몇 개로 정사각형을 덮을 수 있는지 수를 세 보면 될 것이다. 그러나 선분은 두께가 없기 때문에 정사각형을 덮을 수 있는 단위 길이의 선분의 수에는 제한이 없다. 즉 정사각형의 길이는 무한대가 된다. 무엇이 문제일까? 우리는 여기서 정사각형의 '길이'를 재려고 하였다. 길이는 정사각형의 크기를 측정하는 데 맞지 않는다는 결론을 얻게 된다. 우리는 보통 정사각형의 '면적'을 잰다. 길이와 면적의 차이는 무엇일까? 면적을 재기 위해서는 면적의 측정 도구인 정사각형을 쓰는 것이 자연스러울 것이다. 길이의 측정 도구인 선분과 면적의 측정 도구인 정사각형은 기하학적으로 다른 대상이다. 우리가 보통 차원이라고 부르는 것에서부터 다르다. 선분은 1차원적 대상이고 정사각형은 2차원적 대상이다.

여기서 잠시 차원의 의미에 대해서 생각해 보자. 대표적인 1차원적 대상은 선분, 2차원적 대상은 사각형, 3차원적 대상은 직육면체를 떠올릴 수 있다. 유클리드의 《원론》 1권의 정의를 보면 선분은 길이를 갖는 것, 사각형은 길이와 폭을 갖는 것, 직육면체는 길이와 폭과 깊이를 갖는 것이다. 이처럼 대상의 크기를 정하는 변수는 하나씩 증가한다. 기하학적 대상의 차원은 그 대상 위에서 점의 위치를 결정하기 위해 필요한 변수의 개수로 볼수도 있다. 여기서 기억할 것은 점은 0차원이라는 것이다. 점은 크기가 없기 때문이다. 직선 위에서 점의 위치를 결정하기 위해 필요한 변수는 하나다. 기준점을 정하고 나면 방향은 두 개다. 각 방향에 양의 방향, 음의 방향으로 방향성을 정하면 주어진 점의 위치는 기준점에서 거리와 방향으로 결정되며 이는 하나의 실수로 표현된다. 따라서 하나의 변수로 점의 위치를 결정할 수 있다. 즉 직선은 1차원인 것이다. 평면이 2차원인 것은 평면 위점의 위치를 결정하는 데 두 변수가 필요하기 때문이다.

영국 서부 해안선의 길이를 측정한 리처드슨의 결과를 정사각형의 크기를 정하는 문제와 견주어 생각해 보자. 우리는 해안선이 1차원적인 기하학적 대상이라고 보았고, 그래서 몇 개의 선분으로 해안선을 덮을 수 있는지 수를 세어 보았다. 문제는 선분의 길이가 짧아질수록, 즉 해안선의 본래 모양에 더 가까운 모양을 만들려고 시도할수록 해안선 길이는 무한대로 커지는 것을 보았다. 이는 정사각형의 크기를 잴 때 측정 도구의 차원이 너무 작았기 때문에 크기가 무한대가 된 것과 같다. 만약 해안선의 크기를 측정하는 측정 도구의 차원을 올리면 어떨까?

측정 차원

다시 한 변의 길이가 1인 정사각형의 크기를 재는 문제를 생각해 보자. 한 변의 길이가 s인 기본 정육면체를 기본 측정 도구로 하여 정사각형의 면적을 재 보자. 가장 적당한 방법은 기본 정육면체의 면적을 이용하는 것인데, 정육면체의 윗면의 면적 s^2이 자연스러운 면적일 것이다. 이제 기본 정육면체들로 정사각형을 바둑판 모양으로 덮은 후 기본 정육면체의 개수를 세어 각 면적을 곱하면 정사각형의 면적을 알 수 있다. 한 변이 s인 정육면체로 정사각형을 정확히 덮었다면, (정육면체들의 열의 개수) $\times s = 1$이고 (정육면체들의 행의 개수) $\times s = 1$이 될 것이다. 따라서 정육면체의 개수는 다음과 같다.

$$(\text{정육면체들의 열의 개수}) \times (\text{정육면체들의 행의 개수}) = \frac{1}{s} \times \frac{1}{s} = \frac{1}{s^2}$$

이로부터 처음에 주어진 정사각형의 면적은 다음과 같다.

$$(\text{정육면체들의 개수}) \times (\text{정육면체 윗면의 면적}) = \frac{1}{s^2} \times s^2 = 1$$

만약에 동일한 정육면체들을 이용하여 정사각형의 '길이'를 구한다고 해 보자. 식에서 각 정육면체의 면적을 정육면체의 길이로 바꾸면 정사각형의 길이는 다음과 같다.

$$\text{(정육면체들의 개수)} \times \text{(정육면체의 한 변의 길이)} = \frac{1}{s^2} \times s = \frac{1}{s}$$

이때 만약 s의 값이 점점 작아진다면 정사각형의 길이는 제한 없이 커진다. 즉 측정 도구의 차원이 너무 낮은 것이다. 만약 동일한 정육면체들을 이용하여 정사각형의 '부피'를 구한다고 하자. 식에서 정육면체의 면적을 정육면체의 부피로 바꾸면 된다. 이때 정사각형의 부피는 다음과 같다.

$$\text{(정육면체들의 개수)} \times \text{(정육면체의 부피)} = \frac{1}{s^2} \times s^3 = s$$

여기서 만약 s의 값이 점점 작아진다면 정사각형의 부피는 점점 작아진다. 즉 정사각형의 부피는 0으로, 측정 도구의 차원이 너무 높은 것이다.

이 실험에서 관찰할 수 있는 것은 어떤 기하학적인 대상의 크기를 측정할 때 측정 도구의 차원을 적절히 정해야 유한한 양수 값을 얻는다는 것이다. 즉 주어진 기하학적 대상의 '측정 차원measurement dimension' D는

$$\text{(기하학적 대상의 크기)} = \text{(정육면체의 개수)} \times s^D$$

에서 s가 0으로 갈 때 식이 유한한 양수 값을 갖도록 만드는 수로 정의된다. 따라서 정사각형의 측정 차원은 2가 된다.

영국 서부 해안선은 1차원이 아니다

영국 서부 해안의 길이를 재는 문제에서 측정 차원은 1보다 커야 함을 알수 있다. 리처드슨의 식에서 s가 0으로 갈 때 해안선의 길이 L은 무한대로 발산했다. 영국 서부 해안의 측정 차원을 구해 보자. 해안선을 따라 한 변의 길이가 s인 정육면체를 놓아 보자. 서부 해안선 전체를 덮는 정육면체의 개수를 N이라 하자. 여기서 N은 s의 함수다. 해안선의 길이 L은 $L = Ns$로 주어진다. 반면에 리처드슨의 식에 따르면 $L \approx 5000s^{-0.25}$이다. 따라서 다음 식을 얻는다.

$$5000s^{-0.25} = Ns$$

여기서 s에 관한 모든 항을 우변에 두면 $5000 = Ns^{1.25}$을 얻는다. 즉 $D = 1.25$로 놓으면 s가 0으로 가도 전체 식은 유한한 양수 값을 갖는다. 여기서 $D = 1.25$가 측정 차원이 되는 것이다.

눈송이 곡선은 몇 차원일까?

영국 서부 해안의 길이 측정 문제에서 얻을 수 있는 결론은 해안선이 1.25 차원의 기하학적 대상이라는 것이다. 곡선이 심하고 급격하게 변하면서 진행된다면 단순한 곡선보다는 좀 더 평면 같은 성질이 생긴다고 볼 수 있다. 이제 수학적으로 좀 더 간단한 대상으로 이처럼 차원이 정수가 아닌 것을 구성해 보자.

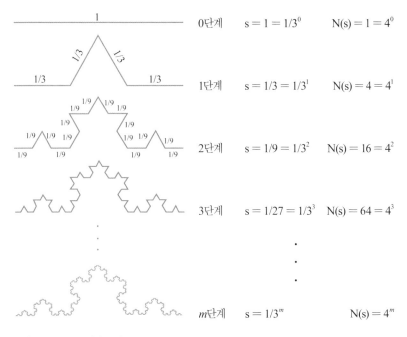

그림 9 - 5 코크 곡선의 구성.

1904년 스웨덴의 수학자 헬리에 폰 코크Helge von Koch(1870~1924)는 눈
송이 모양과 같은 곡선 하나를 논문에서 제시했다. 이를 '코크의 눈송이'
라 부른다.

먼저 길이가 1인 선분이 있다고 하자. 첫 번째 단계에서는 이를 3등분
해 가운데 선을 경사진 선 두 개로 교체한다. 이때 선분의 개수는 4개이고
각각의 길이는 1/3이다. 따라서 선 전체의 길이는 4/3다. 두 번째 단계는 각
선분을 다시 3등분해 각 가운데 선을 두 개의 경사진 선으로 교체한다. 이
제 선분의 개수는 $4^2 = 16$이고, 각 선분의 길이는 $(1/3)^2 = 1/9$이다. 따라서
선 전체의 길이는 $(4/3)^2 = 16/9$이다. 이와 같은 과정을 계속 반복한다(그림
9-5). 일반적으로 m번째 단계에서 선분의 개수는 4^m이고 각 선분의 길이는

(1/3)^{m}이다. 이때 곡선 전체의 길이는 (4/3)^{m}이다. 코크 곡선은 이 과정의 극한으로 정의된다. 이로써 코크 곡선의 길이는 무한대임을 알 수 있다. 즉 코크 곡선은 1차원의 기하학적 대상이 아니다.

이제 코크 곡선의 측정 차원을 구해 보자. 기본 식 $C = N(s)s^D$을 이용한다. C는 상수인데, 이는 코크 곡선의 크기이고 N은 측정 단위(정육면체)의 개수다. 우리는 C가 유한한 양수가 되는 D를 정해야 한다. 코크 곡선의 경우 s는 m번째 단계에서 선분의 길이로 잡으면 되고 N은 m번째 단계에서 선분의 개수다. 이를 기본 식에 대입하면 다음을 얻는다.

$$\log C = \log N + D\log s = m\log 4 - mD\log 3$$

여기서 m이 커져도 우변이 상수가 될 수 있는 경우는 $D = \log 4/\log 3$이다. 따라서 코크 곡선의 측정 차원은 $D = \log 4/\log 3 \approx 1.26$이 된다.

코크 곡선은 두 가지 점에서 흥미롭다. 첫 번째는 코크 곡선은 순수하게 수학적으로 구성된 곡선인데도 자연에서 발견되는 곡선, 가령 눈송이의 경계를 나타내는 곡선 모양을 닮았다. 자연계에서 발견되는 다양한 곡선들 대부분은 자세히 들여다보면 유클리드 기하학으로 설명할 수 없는 곡선들이다. 산의 능선이나 해안선들은 직선이나 매끄러운 곡선으로 이루어져 있지 않다. 측정 차원이 1보다 높은 곡선을 구성하였는데, 놀랍게도 이는 자연에서 발견되는 곡선의 적절한 모델처럼 보인다.

두 번째 흥미로운 점은 코크 곡선이 가지는 자기유사성self-similarity이다. 코크 곡선의 한 부분을 떼어 확대해 보면 곡선 전체의 모양과 닮았다. 아무리 작은 조각을 떼어내도 충분히 확대하면 곡선 전체의 모양을 갖게 되는 것을 볼 수 있다. 자연에서 발견되는 다양한 곡선 중에서 이런 자기유

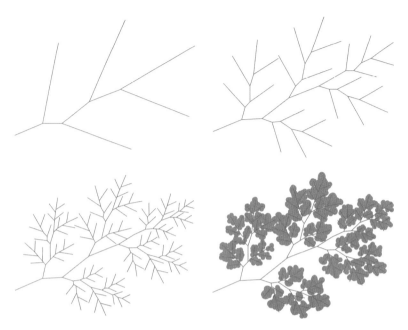

그림 9 - 6 나뭇가지의 자기유사성.

사성을 가진 것들이 많다. 가령 나뭇가지도 이와 같은 자기유사성을 가지고 있다(그림 9 - 6). 자연에서 발견되는 곡선들이 자기유사성을 가지는 것은 형태가 생성되는 규칙과 관계가 있다. 나무가 자라는 것을 보면 가지가 하나 나오고 거기서 여러 가지가 다시 파생되고 파생된 가지 각각은 다시 파생의 과정을 반복한다. 코크 곡선의 구성에서 보았던 파생의 방식이다.

프랙털

1970년대 IBM 왓슨연구소의 수학자였던 브누아 망델브로Benoit Mandelbrot

(1924~2010)는 자기유사성에 착안해 새로운 기하학을 창안한다. 그는 새로운 기하학에 대한 동기를 대표적인 저서 《자연의 프랙털 기하학The Fractal Geometry of Nature》에서 다음과 같이 말한다.

왜 기하학은 종종 차갑거나 무미건조한 것으로 여겨지는가? 한 가지 이유는 구름이나 산, 해안선 또는 나무의 모양을 설명할 수 없다는 데 있다. 구름은 구가 아니고 산은 원뿔이 아니며, 해안선은 원이 아니고, 나무껍질은 매끄럽지 않으며 번개는 직선을 따라 진행하지 않는다. 일반적으로 자연의 많은 패턴은 아주 불규칙적이고 파편화되어 있어서, 모든 표준 기하학을 대표하는 의미에서의 유클리드 기하학과 비교해 볼 때 자연은 단지 더 높은 정도의 복잡성이 아니라 전적으로 다른 수준의 복잡성을 보여 준다.

자기유사성을 가지는 기하학적 대상들을 지칭하기 위해 망델브로가 도입한 프랙털fractal이라는 용어는 파편이란 뜻을 지닌 라틴어 fractus에서 온 것이다. 크기(배율)에 상관없이 동일한 형태를 나타내는 것을 표현한 것이다.

코크 곡선 이외에도 수학적으로 만들 수 있는 다양한 프랙털들이 있다. 코크 곡선은 직선에 복잡성을 부여해 만든 곡선이다. 반대로 2차원 물체, 즉 평면으로 시작해 곡선에 가까운 것을 만들 수 있을까? 시에르핀스키 삼각형이라 불리는 프랙털은 정삼각형에서 시작한다. 첫 번째 단계에서 각 변의 중점을 연결하여 생기는 삼각형을 제거한다. 이제 길이가 1/2이 된 정삼각형 세 개로 구성된 평면을 얻는다. 두 번째 단계에서는 각 삼각형에서 각 변의 중점을 연결하여 생기는 삼각형을 각각 제거한다. 이제 길이가 1/4이 된 삼각형 9개로 구성된 평면을 얻는다(그림 9-7). 이와 같은 과정을

그림 9-7 시에르핀스키 삼각형.

계속 반복한 것의 극한이 시에르핀스키 삼각형이다. 평면에서 시작했지만 시에르핀스키 삼각형은 곡선에 가깝다. 시에르핀스키 삼각형도 자기유사성을 갖고 있다. 작은 삼각형 한 조각을 떼어 확대했을 때, 이는 전체의 모양이 됨을 알 수 있다.

시에르핀스키 삼각형의 측정 차원 또는 프랙털 차원을 구해 보자. 코크 곡선의 프랙털 차원을 구할 때와 마찬가지로 $C = N(s)s^D$의 식을 이용한다. 이 식은 $\log C = \log N + D\log s$로 쓸 수 있다. 시에르핀스키 삼각형의 구성에서 m번째 단계를 보면 $N = 3^m$개의 삼각형으로 이루어져 있고 이 삼각형들은 길이가 s인 사각형 N개로 덮는다. 이때 기본 단위 길이는 $s = (1/2)^m$이다. 따라서 식은 다음과 같다.

$$\log C = m(\log 3 - D\log 2)$$

여기서 m이 점점 커져도 우변이 유한한 양수가 되려면 $D = \log 3/\log 2 = 1.585$를 택하면 된다. 이 값이 시에르핀스키 삼각형의 프랙털 차원이다. 코크 곡선의 프랙털 차원과 비교할 때 시에르핀스키 삼각형의 프랙털 차원이 조금 더 큰 것을 볼 수 있는데, 이는 시에르핀스키 삼각형이 코크 곡선보다 평면의 성질이 더 강하다는 의미로 볼 수 있다.

프랙털 화가 잭슨 폴록

미국의 추상표현주의 화가 잭슨 폴록Jackson Pollock(1912~1956)은 액션 페인팅action painting으로 유명하다. 최초의 미국적인 화가라고 평가받는 폴록의 스타일은 다양한 경험의 소산물이라고 볼 수 있다. 어린 시절 폴록은 토지 조사관이었던 아버지를 따라 애리조나와 캘리포니아를 여행하며 미국 원주민 문화를 경험하였다. 뉴욕에서 그림 공부를 할 때는 지방주의regionalism 운동의 대표 화가 중 한 사람인 토머스 하트 밴턴Thomas Hart Benton의 영향을 받기도 했다. 지방주의 운동에 참여한 화가들은 자신이 살고 있는 도시나 주에서 볼 수 있는 미국적 정경에 관심이 있었다. 도시의 실상, 사회적 혼란과 그 영향, 미국적 풍경의 아름다움 등을 주제로 삼았다.

폴록은 또한 유럽에서 건너온 초현실주의가 보여 준 표현력에 깊은 인상을 받았다. 그는 2차 세계 대전 직후 미국에 등장한 일군의 추상표현주의자들 중 한 사람이다. 추상표현주의 화가들은 비이성적이며 상처받기 쉬운 현대인들의 불안에 관심을 가졌다. 1940년대부터 시작된 그의 액션 페인팅은 화가의 감정, 표현, 기분, 심층적인 느낌들을 표현하는 데 주안점을 두었다. 폴록은 미국 예술이 유럽의 예술과 대등하게 겨룰 수 있음을 보여 준 화가로 인정받았다.

1999년 호주의 물리학자 리처드 P. 테일러Richard P. Taylor, 애덤 P. 미콜리시Adam P. Micolich, 데이비드 조나스David Jonas는 일반인들에게 어렵게 느껴지는 폴록의 작품을 만약 과학적 방법을 이용해 분석한다면 더 잘 이해할 수 있지 않을까라는 생각을 품었다. 그들은 자연에서 발견되는 프랙털과 폴록의 추상 회화 사이의 유사성에 착안하여 폴록의 작품의 복잡성을 정량적으로 측정했다.

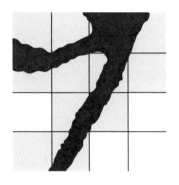

그림 9 - 8 격자를 이용한 박스 카운팅 방법.

폴록은 캔버스를 바닥에 평평하게 놓고 그 위에 물감을 흘려 작품을 만들었다. 폴록은 물감을 흘리는 작업을 한 번만 한 것이 아니라 한 캔버스를 놓고 몇 개월에 걸쳐 여러 번 물감을 흘려 축적된 이미지를 만들었다. 이는 자연에서 프랙털의 패턴들이 반복적이고 축적된 연속적인 과정을 통해 만들어지는 것과 유사하다. 또한 자연의 패턴들을 만드는 중요한 원동력이 중력인 것처럼 수평으로 놓인 폴록의 캔버스에서 물감의 운동을 결정하는 자연적인 힘도 중력이었다.

폴록의 이러한 작업 과정에는 두 가지 핵심 요소가 있었다. 하나는 캔버스 주위를 크게 움직이는 작가의 움직임이다. 이는 넓은 범위에 걸쳐 캔버스에 다양한 크기의 선들을 만들어 냈다. 다른 하나는 물감이 위에서부터 캔버스를 향해 떨어지도록 하는 과정이었다. 이 두 요소가 그림에 프랙털을 만들어 냈다.

테일러와 그의 동료들은 폴록 작품의 프랙털 차원을 계산하기 위하여 작품의 사진 위에 다양한 크기의 격자를 씌웠다. 그들은 페인트가 만들어

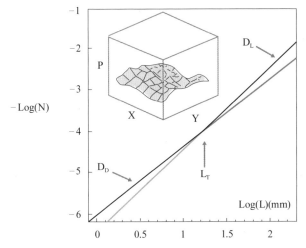

그림 9 - 9 폴록 작품의 프랙털 차원.

낸 선과 격자의 각 정사각형이 만나는 경우의 정사각형의 개수(N)를 세었다(그림 9 - 8). 이들은 격자의 정사각형의 길이(L)를 달리하면서 N값을 구했다. 그들이 선택한 L값의 범위는 캔버스의 크기인 2m에서 아주 작은 선의 크기인 0.8㎜ 사이에 있는 값들이다. 프랙털 차원을 구하기 위해 사용한 식은 $C = N(L)L^D$인데, 로그함수를 사용하면

$$-\log N = D\log L - \log C$$

로 주어진다. 여기서 두 변수 $\log L$과 $-\log N$이 1차 함수를 이루므로 조사한 값에 대하여 그래프를 그리면 증가하는 직선을 얻게 된다. 프랙털 차원 D는 직선의 기울기가 되는 것이다. 테일러와 그의 동료들은 L이 1㎝일 때를 기준으로 직선의 기울기가 바뀌는 것을 발견했다(그림 9 - 9). L의 값이 작

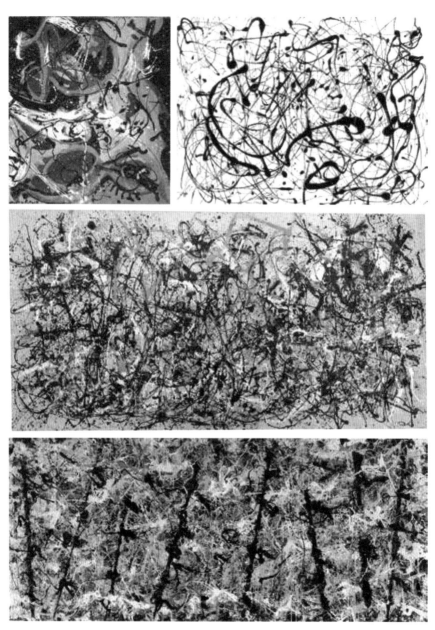

그림 9-10 프랙털 차원의 변화를 볼 수 있는 폴록의 작품. 왼쪽 위에서부터 〈흘리기로 한 구성 II〉, 〈넘버 14〉, 〈가을의 리듬〉, 〈파란 막대기들〉.

을 때의 직선은 물감이 흐르는 작용을 반영한 것으로 D의 값은 작품에 따라서 1.1에서 1.3에 이르는 것을 알았다. 반면 L의 값이 클 때는 캔버스 주위를 움직이는 폴록의 동작을 반영한 것으로 D값이 2에 가까웠다.

흥미로운 점은 L이 작을 때의 D값은 세월이 지남에 따라 점점 증가한다는 것이다. 1943년 작품 〈흘리기로 한 구성 IIComposition with Pouring II〉는 D값이 1이었는데 1948년 〈넘버 14Number 14〉은 1.45, 1950년 〈가을의 리듬Autumn Rhythm〉은 1.67, 1952년 〈파란 막대기들Blue Poles〉은 1.72였다. 이렇게 값이 증가한 이유는, 폴록이 초기엔 한 가지 색으로 작품을 만들다가 후기로 갈수록 여러 색을 사용했기 때문인 것으로 보인다. 여러 가지 색을 사용하면 여백을 채우는 효과가 늘어난다.

이 연구 후 테일리는 다른 과학자들과 함께 프랙털의 개념으로 폴록 작품에 대한 선호도를 설명할 수 있는지를 연구했다. 브란카 스페허Branka Spehar, 콜린 클리포드Colin Clifford, 벤 뉴웰Ben Newell과의 공동 연구에서 테일러는 세 가지 종류의 프랙털에 대한 선호도를 조사했다. 자연에서 볼 수 있는 프랙털, 컴퓨터로 만든 인공 프랙털, 폴록의 작품을 놓고 각각 다양한 프랙털 차원에 대해서 어떤 프랙털을 선호하는지 뉴사우스웨일스 대학의 학생 220명에게 물었다. 자연의 프랙털의 경우 차원이 1.3(예를 들면 강이나 번개)인 경우를 가장 선호했고, 컴퓨터로 만든 프랙털의 경우 1.33차원인 경우를 가장 선호했으며, 폴록의 작품의 경우 1.5차원인 경우를 가장 선호했다. 폴록의 작품의 경우 제시된 작품의 차원은 1.12, 1.5, 1.66, 1.89이었다.

폴록의 초기 작품들은 낮은 프랙털 차원을 가졌고 복잡성이 약했다. 관람자들에게는 이 시기의 작품이 시각적으로 더 돋보였을지도 모른다. 낮은 프랙털 차원에 대한 선호도에도 불구하고 폴록은 왜 후기로 갈수록 작품의 복잡성을 늘린 것일까? 추측하자면 폴록은 낮은 프랙털 차원이 주는 시각적인 평온함이 예술적으로 볼 때는 너무 밋밋하다고 생각한 것 같다. 프랙털 차원을 높이게 되면 관람자들은 작품의 밀집된 구조를 감상하기 위해서 무척 분주해지게 되는데, 그는 이를 기대했는지도 모른다.

건축과 프랙털

프랭크 로이드 라이트Frank Lloyd Wright(1867~1959)가 설계한 로비 하우스 Robie House▲의 지붕 선은 자기유사성의 특징을 갖는다. 그러나 이것은 프랙털적인 의미에서 자기유사성은 아니다. 우리가 무한정 확대할 수는 없기 때문이다. 그러나 이를 걱정할 필요는 없다. 우리가 어떤 건축물을 경험할 때 그 대상을 관찰하는 척도의 크기도 한계가 있기 때문이다. 우리가 멀리서 건물을 본다면 건물 전체의 모습을 볼 수 있고, 조금 더 가까이 다가가면 창문의 형태를 파악할 수 있다. 더 가까이 다가가면 문과 창문의 세부 사항을 볼 수 있다.

예를 들어 24미터(길 하나 건너서 보는 거리) 정도 떨어져서 로비 하우스를 본다면 대략 8미터에서 1미터 크기에 해당하는 부분들을 잘 볼 수 있다. 그러나 만약 1.5미터 거리에서 본다면 눈에 들어오는 것의 크기는 50센티미터에서 5센티미터 정도다. 이를 이용해서 여러 크기의 격자를 선택할 수 있고 폴록의 그림의 프랙털 차원을 계산했던 것처럼 로비 하우스의 프랙털

▲   시카고 대학교에 위치한 로비 하우스는 자전거 제조업자 프레드릭 로비의 의뢰로 1908~1910년에 지어진 건물이다. 로비는 채광과 전망이 좋아 수변이 잘 보이면서도 바깥에서는 안이 들여다보이지 않는 집을 요청했고 이는 라이트의 건축으로 구현됐다. 로비 하우스는 라이트가 고향인 위스콘신 주 평야의 수평선에서 영감을 받아 설계한 프레리Prarie 양식을 대표하는 작품이다.

그림 9-11 수평선이 강조된 프랭크 로이드 라이트의 로비 하우스.

차원을 계산할 수 있다.

길이가 7.2미터 되는 격자를 사용하면 16개의 격자로 하우스를 덮을 수 있는데, 이 중 격자 안에 집의 선이 들어오는 것을 세면 16개다. 3.6미터 길이의 격자를 사용하면 64개의 격자로 하우스를 덮을 수 있고, 이 중에 50개의 격자가 집과 만난다. 1.8미터 길이의 격자를 사용하면 140개의 격자가 집과 만나고, 90센티미터 길이의 격자를 사용하면 380개의 격자가 집과 만난다.

로비 하우스의 정면도의 프랙털 차원을 구하기 위해 폴록 그림의 분석에서 사용하였던 식을 다시 사용해 보자. 격자의 길이를 L이라 하고 L값이 정해졌을 때 격자와 건물의 선이 만나는 사각형의 개수를 N이라 하자. 프랙털 차원을 구하기 위해 우리가 사용하고 있는 식은 $C = N(L)L^D$인데, 로그함수를 사용하면

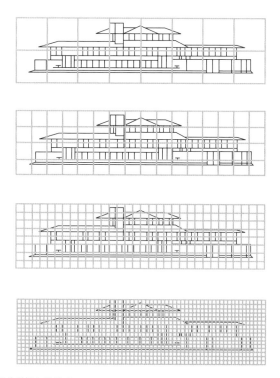

그림 9-12 로비 하우스의 격자.

$$-\log N = D\log L - \log C$$

가 된다. 우리가 구하고자 하는 것은 $\log L$과 $\log N$의 그래프의 기울기다. 7.2미터 격자와 3.6미터 격자의 경우 기울기를 구하면 다음과 같다.

$$D = \frac{-\log 16 + \log 50}{\log 7.2 - \log 3.6} = \log(50/16)/\log 2 = 1.6495$$

이번에는 3.6미터 격자와 1.8미터 격자의 경우 기울기를 구해 보면

$$D = \frac{-\log 50 + \log 140}{\log 3.6 - \log 1.8} = \log(14/5)/\log 2 = 1.49$$

다. 1.8미터 격자와 0.9미터 격자의 경우 기울기를 구해 보면

$$D = \frac{-\log 140 + \log 380}{\log 1.8 - \log 0.9} = \log(38/14)/\log 2 = 1.4455$$

다. 격자가 더 촘촘해질수록 프랙털 차원은 점점 더 작아진다.

프랭크 로이드 라이트는 자신의 설계법을 유기적이라고 설명했다. 자연이 자신의 건축 설계에 영감을 준다는 것이다. 라이트는 《미국의 건축》(1955)에서 건축에 대한 자신의 입장을 다음과 같이 설명한다.

하나의 어떤 단순한 형태를 세분화하는 것이 한 건물의 표현을 특징 짓는다. 아주 다른 형태를 취한다면 다른 형태의 건물을 얻게 될 것이다. 그러나 설계의 모든 형식적인 요소들을 각각의 경우 크기와 성격에 있어 통합하는 기본적인 아이디어는 동일하다. 꽃이 하늘을 향해 만개하는 것처럼 선택된 형태는 바깥을 향해 펼쳐질 것이다. 모든 경우에 있어 동기는 전체에 걸쳐 있어 각 건물은 미학적으로 한 조각의 천에서 끊어낸 것과 같고 그렇게 하지 않으면 불가능했을 통전성을 가지고 일관되게 서로 조화를 이루어 지어졌다고 말해도 과장은 아닐 것이다.

라이트의 말은 수학적인 프랙털을 얻는 방식을 상기시킨다. 코크 곡선 같은 프랙털을 보면 최종적인 형태는 무척 복잡하지만 하나의 단순한 형태에 하나의 간단한 규칙을 반복적으로 적용함으로써 얻을 수 있다.

무질서의 화음

1977년 독일 출신의 예술이론가 루돌프 아른하임Rudolf Arnheim은 저서《건축 형태의 역학》에서 현대 건축에서 발견되는 무질서의 아름다움에 대해 다음과 같은 통찰을 보여 준다.

> 현대 건축은 자발적인 구성, 건축가 없는 건축, 다른 때에 다른 손에 의해서 만들어진 유사한 단위들이 서로 이웃하여 있을 때 생기는 반복하지 않는 조화에 매혹되었다. 일단 시간과 세대를 통한 침전을 통해 창조된 이런 유형의 아름다움이 발견되고 칭송되자 사람들은 이런 유형을 모방하여 실험실에서 재생산했다. 그러나 하나의 과정을 통해 태어난 하나의 형태가 그것을 지탱하는 과정 없이는 재생되지 않는다는 것을 이해하지는 못했다.

아른하임이 말하는 과정을 규명해 주는 것이 프랙털 기하가 아닐까? 그는 건축가 또는 디자이너가 해야 할 일은 특정한 디자인을 모방하는 것이 아니라 그러한 디자인의 기저에 있는 율동적인 구조를 이해하고 이용하는 것임을 강조한다.

> 무질서란 무엇인가? 단순히 질서가 극도로 부재한 상황은 아니다. 앞에서 언급한 것처럼 구조적 표현이 줄어들수록 구성 요소들은 상호 교환이 가능해지고 지배적인 질감은 균질해진다. 물리학자의 용어와 달리 균질성은 질서의 상태로 간주할 수 있다. 무질서는 다른 종류의 것이다. 부분적인 질서 사이의 불협화음으로, 동시에 이들 사이의 질서적인 관계의 결손으로 생기는 것이다. 무질서 상황에 존재하는 관계는 동일한 정도로 양호하게

어떤 다른 것이 될 수 있다. 이들은 순수하게 우발적이다. 질서정연한 배열은 하나의 전체를 지배하는 원리에 의해 다스림을 받으나 무질서한 배열은 그렇지 않다.

무질서한 배열의 구성 요소들은 자체적으로 질서가 있거나 그들 사이를 통제하는 관계가 부족하기 때문에 아무것도 붕괴시키지 않는다. 하나의 멜로디가 다른 멜로디와 부조화를 이루는 경우는 각 멜로디가 자체적인 구조를 가질 때뿐이다. 무질서란 비조직화된 질서의 충돌이다.

서구인이 자연을 바라보는 전통적인 관점은 창조주가 수학 법칙을 따라 우주에 질서를 부여했기 때문에 수학이라는 도구를 통해 자연을 질서정연한 것으로 기술할 수 있다는 것이다. 그러나 망델브로가 지적한 것처럼 자연에서 발견되는 형상은 유클리드 기하학을 따르지 않는다. 거대한 나무의 가지와 잎을 보면 무질서해 보이지만 자기유사성이라는 개념으로 그 무질서를 설명할 수 있다. 아른하임이 말한 것처럼 하나의 질서로 설명할 수 없지만 부분적인 질서들이 상호작용함으로써 무질서를 만들어 낸다.

몬드리안과 프랙털

미국의 건축학자 칼 보빌Carl Bovill은 저서 《건축과 디자인에서의 프랙털 기하Fractal Geometry in Architecture & Design》(1996)에서 피에트 몬드리안Piet Mondrian(1872~1944)의 그림으로 프랙털 분석을 시도한다. 20세기 초의 네덜란드 화가 몬드리안은 보이는 세계 기저에 있는 영적 질서를 표현하기 위해 회화의 요소을 극도로 단순화함으로써 명확하고 보편적인 미학적 특성을

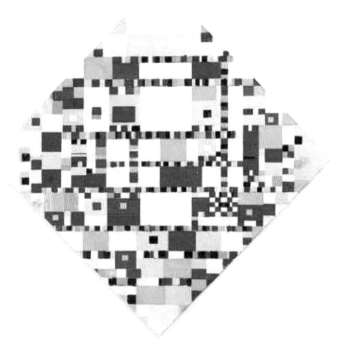

그림 9-13 피에트 몬드리안의 〈빅토리 부기우기〉.

가진 회화 언어를 수립했다. 그의 기본적인 회화 언어는 선, 사각형, 원색이
다. 그는 수직적인 요소와 수평적인 요소가 세계를 표현하는 핵심 언어라고
이해하였다. 이 두 요소를 긍정적인 것과 부정적인 것, 역동적인 것과 정적
인 것, 남성적인 것과 여성적인 것 등의 대조되는 힘을 표현하는 본질적인
요소로 보았다. 여기서는 그의 마지막 작품 〈빅토리 부기우기Victory Boogie
Woogie〉(1944)▲를 분석해 보고 이를 통해 아른하임의 관점을 이해해 보자.

▲ 2차 세계 대전 중 뉴욕으로 건너온 몬드리안은 연합군의 승리를 기원하며 이 작품을 그렸다.
뉴욕의 활기찬 모습에 영감을 받아 재즈의 역동적인 리듬감을 부여했다. 부기우기는 주로 피아노로
연주하는 블루스 음악을 말한다.

처음에 발견할 수 있는 것은 다양한 크기의 사각형을 반복적으로 사용한 점이다. 크기가 줄어들면서 전체적으로 자기유사성을 보이는 것은 아니지만 다양한 크기의 사각형의 사용이 그림에 무질서의 효과를 주는 것 같다. 다양한 크기의 사각형이 서로 연관 짓는 방식에는 어떤 규칙이 있어 보이지 않는다. 또한 이 작품을 보면 몇 가지 한정된 색깔과 한정된 형태를 반복적으로 교차하는데, 언뜻 보기에는 그 배치가 무작위처럼 보인다. 오히려 그런 무질서가 작품 전체에 리듬감을 부여한다.

〈빅토리 부기우기〉에 사용되는 색깔―붉은색, 노란색, 파란색, 검은색, 회색에 번호를 부여해 보자. 붉은색은 1, 파란색은 2, 노란색은 3, 검은색은 4, 회색은 5로 대응시킨다. 이 그림의 첫 번째 줄을 선택하여 색채의 배열을 수열로 전환시켜 보면

$$1\ 5\ 3\ 1\ 3\ 4\ 5\ 1\ 4\ 3\ 4\ 3\ 3\ 1\ 3\ 2$$

를 얻을 수 있다. 패턴을 더 잘 보기 위해서 진행 방향에 따른 숫자의 변화를 그래프로 그려 보면 그림 9-14와 같다.

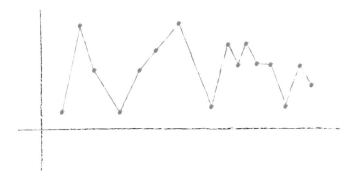

그림 9-14 〈빅토리 부기우기〉의 첫 번째 줄에 대한 색채 변화의 그래프.

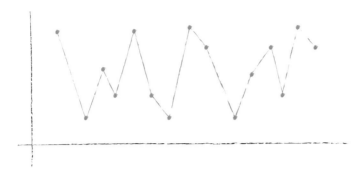

그림 9 - 15 〈빅토리 부기우기〉의 네 번째 줄에 대한 색채 변화의 그래프.

　　이번에는 네 번째 줄의 색채 배열을 수열로 전환해 보면

5 1 3 2 5 2 1 5 4 1 3 4 2 5 4 5 1

가 된다. 이를 그래프로 그려 보면 그림 9 - 15와 같다.

　　각 밴드를 색채들의 노이즈로 바꾸어 이해할 수 있다면 〈빅토리 부기
우기〉를 여러 개의 서로 다른 노이즈의 혼합으로 이해할 수 있다. 각 노이
즈를 비교한다면 세부적 모양은 다르지만 1과 5 사이를 불규칙적으로 진
동한다는 점에서는 동일하다. 아른하임이 말한 것처럼 우리는 〈빅토리 부
기우기〉를 '서로 다른 멜로디들의 부조화'로 볼 수도 있다. 그 점에서 무질
서해 보이지만 각 색채 밴드들이 1과 5 사이를 진동하는 멜로디라는 점에
서는 각 밴드가 하나의 원리로 설명할 수 있는 서로 다른 질서라고 볼 수
있다. 이것은 몬드리안의 구성 원리를 이해하는 하나의 방식이다.

프랙털로 보는 아프리카의 과거와 현재

잠비아 남부의 바일라에 있는 한 마을은 하늘에서 내려다보았을 때 흥미로운 모양을 보여 준다. 여러 집들이 모여 커다란 원환을 이루고 있고 큰 원 내부에 중간 크기의 원 모양의 거주지가 있다. 이 중간 크기의 원 모양 거주지는 마을의 추장이 사는 집인데, 마을을 이루고 있는 대원의 입구에서 뒤로 멀리 떨어진 곳에 위치하고 있다. 추장의 집은 원 모양이고 그 원의 내부 안쪽에 조상신을 모신 사당이 있다. 추장의 집 주변으로 그의 자녀들이 다시 원 모양의 집을 이루어 추장의 집 원 울타리를 따라서 분포해 있다. 한편 마을의 대원을 이루는 여러 집들도 각자의 모양은 작은 원이고 그 원 내부도 입구와 뒤쪽으로 나뉘며 뒤쪽에 그 집의 사당이 있다. 각 집의 자녀들은 다시 그 작은 원 주위로 더 작은 원을 이뤄 선조의 집을 둘러싸고 있다. 이 촌락의 가옥 분포가 보여 주는 것이야말로 자기유사성이라고 할 수 있다.

아프리카에는 촌락 구조뿐만 아니라 직물, 그림, 조각, 가면, 종교적 우상, 사회 구조 등에서 이런 자기유사성을 보여 주는 사례가 많다. 2013년 스페인 출신의 젊은 건축가 사비에르 빌알타Xavier Vilalta는 에티오피아의 아디스아바바에 짓는 새로운 쇼핑몰(리데타 메르카토Lideta Mercato)의 디자인에 아프리카의 오래된 프랙털 감수성을 그대로 가져오기로 한다. 처음에 그는 서구에서 많이 볼 수 있는 전통적인 형태의 쇼핑몰 디자인을 의뢰받았다. 하지만 이러한 디자인은 내부 공간의 낭비가 많고 유리를 많이 쓰기 때문에 아프리카의 뜨거운 열을 해결하기 어렵다. 무엇보다도 아프리카의 풍광에 어울리지 않는다는 점을 들어 다른 대안을 찾았다.

그는 에티오피아의 시장 '메르카토Merkato'를 주목했다. 이 시장은 옥외에 수많은 작은 상점들이 모자이크처럼 어울리며 사람들 사이의 소통을 역동적으로 보여 주었다. 그가 제안한 쇼핑몰의 디자인은 먼저 각 층의 공간의 크기가 다르다. 이는 프랙털 건축의 예에서 보았던 다양한 크기의 척도 사용을 떠올리게 한다. 그는 구멍을 가진 콘크리트를 사용해 자연스러운 공기와 빛의 소통을 이루어 냈다.

참고 문헌

김소라 (2009). "미셸 푸코의 그림 읽기 – 벨라스케스의 〈시녀들〉에 대한 해석," 〈프랑스 문화 연구〉, 19, pp.5~28.

김용운 · 김용국 (1996).《중국 수학사》. 민음사.

비트코버, 루돌프 (1997).《르네상스 건축의 원리》. 이대암 옮김. 대우.

리드, 콘스탄스 (2005).《현대 수학의 아버지 힐베르트》. 이일해 옮김. 민음사.

레스터, 토비 (2014).《다빈치, 비트루비우스 인간을 그리다》. 오숙은 옮김. 뿌리와이파리.

오서, 도널 (2007).《푸앵카레의 추측 – 우주의 모양을 찾아서》. 전대호 옮김. 까치.

에코, 움베르토 (2009).《중세의 미학》. 손효주 옮김. 열린책들.

진중권 (2008).《서양미술사: 고전 예술 편》. 휴머니스트.

천장환 (2013).《현대 건축을 바꾼 두 거장: 프랑크 로이드 라이트 vs 미스 반 데어 로에》. 시공사.

Andersen, K. (2007). *The Geometry of an Art: the History of the Mathematical Theory of Perspective from Alberti to Monge.* Springer.

Ball, P. (2008). *Universe of Stone: Chartres Cathedral and the Invention of the Gothic.* Harper.

Bovill, Carl. (1995). *Fractal Geometry in Architecture and Design.* Birkauser.

Bradley, J. & Howell, R. (2011). *Mathematics through the Eyes of Faith.* Harpers one.

Calter, Paul. (2008). *Squaring the Circle.* Wiley.

Chern, S. S. (1990). "What is Geometry?" *The American Mathematical Monthly*, 97, pp.679~686.

Courant, R. & Robbins, H. (1941). *What is Mathematics?.* Oxford University Press.

Doczi, Gyorgy. (1981). *The Power of Limits.* Shambhala.

Elam, Kimberly. (2011). *Geometry of Design.* 2nd edition. Princeton Architectural Press.

Euclid (2002). *Elements.* (ed). Dana Densmore. Green Lion Press.

Frantz, M. & Crannell, A. (2011). *Viewpoints.* Princeton University Press.

Greenberg, Marvin J. (2008). *Euclidean and Non-Euclidean Geometry.* 4th edition. W. H. Freeman and Company.

Heath, T. (1921). *A History of Greek Mathematics.* Vol 1. Dover.

Henderson, L. D. (2013). *The Fourth Dimension and Non-Euclidean Geometry in Modern Art.* The MIT Press.

Hiscock, N. (2007). *The Symbol at Your Door: Number and Geometry in Religious Architecture of the Greek and Latin Middle Ages.* Ashgate.

Jennings, G. (1994). *Modern Geometry with Applications*. Springer.

Kemp, M. (1989). *The Science of Art*. Yale University Press.

Klarreich, E. (2014). "The Musical, Magical Number Theorist," *Quanta Magazine*, August 12.

Le Corbusier. (1954). The modulor: a harmonious measure to the human scale, *Universally Applicable to Architecture and Mechanics*, Faber and Faber.

Mandelbrot, B. (1982). *The Fractal Geometry of Nature*. W. H. Freeman.

Neugebauer, O. (1969). *The Exact Sciences in Antiquity*. Dover.

Osserman, R. (1995). *Poetry of the Universe*. Anchor Books.

Palais, R. & Terng, C. L. (1992). "The life and mathematics of Shiing-Shen Chern," in *Chern – A Great Geometer of the Twentieth Century*, (ed). S. T. Yau, International Press, Hong Kong.

Pesic, P. (2007). *Beyond Geometry: Classic Papers from Riemann to Einstein*. Dover.

Peterson, Ivars. (2001). *Fragments of Infinity*. Wiley.

Posamntier, A. & Lehmann, I. (2007). *The Fabulous Fibonacci Numbers*. Prometheus Books.

Schattschneider, D. (2002). *M. C. Escher: Vision of Symmetry*. Abrams.

Scott, R. A. (2003). *The Gothic Enterprise*. University of California Press.

Stillwell, John. (2001). *Mathematics and Its History*. Springer.

Stillwell, John. (2005). *The Four Pillars of Geometry*. Springer.

Taylor, R. Micolich, A. P. & Jonas, D. (1999). "Can Science Be Used to Further Our Understanding of Art?," *Physics World Magazine*, October.

Trudeau, R. (1987). *The Non-Eudlidean Revolution*. Birkauser.

Vitruvius. (1914). *The Ten Books on Architecture*. (tr). M. H. Morgan, Harvard University Press.

Von Simpson, O. (1962). *The Gothic Cathedral*. Princeton University Press.

Wilkinson, Alec. (2015). "The Pursuit of Beauty," *The New Yorker*, February.

http://www.mathunion.org/fileadmin/IMU/Prizes/2014/news_release_mirzakhani.pdf
http://www-history.mcs.st-andrews.ac.uk/Biographies/Brianchon.html
http://www-history.mcs.st-andrews.ac.uk/Biographies/Blaschke.html
http://www-history.mcs.st-andrews.ac.uk/Biographies/Clavius.html
http://www-history.mcs.st-andrews.ac.uk/Biographies/Lobachevsky.html
http://www-history.mcs.st-andrews.ac.uk/Biographies/Mersenne.html
http://www-history.mcs.st-andrews.ac.uk/Biographies/Poncelet.html
http://www-history.mcs.st-and.ac.uk/Projects/Pearce/index.html

사진 및 그림 출처

이 책에 실린 사진과 그림들은 본문의 이해를 돕기 위해 사용되었습니다. 사진의 사용을 허락해 주신 분들께 감사드립니다. 잘못 기재한 사항이나 사용 허락을 받지 않은 것이 있다면 사과드리며, 이후 쇄에서 정확하게 수정하며 관련 절차에 따라 허락받을 것을 약속드립니다.